Fouad Soliman

Um novo olhar sobre o mundo da nanotecnologia para o presente e o futuro

Fouad Soliman

Um novo olhar sobre o mundo da nanotecnologia para o presente e o futuro

ScienciaScripts

Imprint

Cover image: www.ingimage.com

This book is a translation from the original published under ISBN 978-3-659-83496-7.

Publisher:
Sciencia Scripts
is a trademark of
Dodo Books Indian Ocean Ltd. and OmniScriptum S.R.L publishing group

120 High Road, East Finchley, London, N2 9ED, United Kingdom
Str. Armeneasca 28/1, office 1, Chisinau MD-2012, Republic of Moldova, Europe
Printed at: see last page
ISBN: 978-620-8-21954-3

Agradecimentos

Ajoelho-me em submissão perante ***ALLAH*** e ***agradeço-Lhe*** por me ter mostrado o caminho certo. Sem a ajuda ***de Deus***, os meus esforços ter-se-iam perdido. Foi apenas com a graça de ***Deus*** que consegui realizar este grande feito. Obrigado também por uma pessoa que amo muito, ***o Profeta Muhammad {O louvor e a paz de Deus estejam com ele}***.

Gostaria de exprimir a minha gratidão ao ***Prof. Dr. H. A. Ashry,*** Prof. de Física das Radiações, Centro Nacional de Investigação e Tecnologia das Radiações, ao ***Prof. Dr. Sanaa A. Kamh***, Prof. de Eletrónica, Departamento de Física, Women's College of Arts, Science and Education, Ain Shams University, ***Dr. Safaa M.R. El-Ghanam,*** Ass. Dra. Safaa M.R. El-Ghanam, Professora Assistente de Eletrónica, Departamento de Física, Faculdade Feminina de Artes, Ciências e Educação, Universidade de Ain Shams, e ***Dra. Wafaa Abd El-Basit Abd El-Rahman,*** Professora de Eletrónica, Departamento de Física, Faculdade Feminina de Artes, Ciências e Educação, Universidade de Ain Shams, Dra **Amira Abdel-Magid,** professora de Eletrónica, Departamento de Física, Escola Superior de Artes, Ciências e Educação para Mulheres, Universidade de Ain Shams, Dr.ª **Manal Ismail**, professora de Eletrónica, Departamento de Física, Escola Superior de Artes, Ciências e Educação para Mulheres, Universidade de Ain Shams, e Dr. Eng. **Ashraf Mosleh Abdel-Makssod**, Professor de Eletrónica, Departamento de Eletrónica, Nuclear Materials Authority, pela sua amável cooperação, interesse e extraordinária ajuda.

Resumo

A nanotecnologia é um tema que engloba uma série de disciplinas científicas e técnicas. Ocorre a uma escala minúscula - maior do que o nível dos átomos e das moléculas, mas na ordem dos 1-100 nm. A escala nanométrica corresponde a cerca de um bilionésimo de metro, e coisas tão pequenas podem ter comportamentos bastante estranhos. Estas propriedades físicas e químicas invulgares devem-se ao facto de a área de superfície das partículas aumentar em relação ao seu volume à medida que se tornam mais pequenas e de estarem sujeitas a efeitos quânticos. Isto significa que podem comportar-se de forma diferente e não seguem as mesmas leis físicas que os objectos maiores.

As implicações da nanotecnologia são de grande alcance e podem incluir a medicina, as aplicações militares, a informática e a astronomia. A nanotecnologia já está a ser utilizada em certos materiais, como vidros autolimpantes, protectores solares, batons e até meias antibacterianas. As futuras aplicações da nanotecnologia parecem estar limitadas apenas pela criatividade dos investigadores. A nanotecnologia poderá ser utilizada para administrar medicamentos exatamente no local certo do corpo. Há mesmo cientistas que acreditam que os nanoalimentos podem ser utilizados para fazer com que o corpo se sinta saciado durante mais tempo, desencorajando-nos assim de comer em excesso. Afinal de contas, a nanotecnologia é um ramo relativamente novo da ciência e da tecnologia.

Palavras-chave

Nanotecnologias, nanomateriais, nanoescala, quântica, ciência das superfícies, química orgânica, biologia molecular, física dos semicondutores, microfabricação, nanotubos de carbono, polímeros, saúde, medicina, diagnóstico, imagiologia, bioensaios, monitorização, novos medicamentos, novos métodos de administração, medicina personalizada, prevenção, revestimentos antimicrobianos, filtros, ambiente, purificação, ligação de poluentes, degradação, redução do impacto, redução da utilização de materiais/energia, filtros, leituras locais, energia solar, termoeletricidade, supercapacitor, energia portátil, baterias recarregáveis, isolamento, aerogéis, nanoespumas, vidros, hidrogénio, transportes, espaço aéreo, deteção ambiental, bens de consumo, eletrónica, cosmética, vestuário, equipamentos desportivos, nanoelectrónica, computadores, processadores mais rápidos, novos tipos de memória, computação quântica, aplicações potenciais, nanodots, optoelectrónica, fibra ótica, díodos orgânicos emissores de luz, .díodos emissores de luz poliméricos, LED brancos, ultracapacitores, células de combustível, células de combustível com membrana de permuta de protões, veículos com células de combustível, células solares sensibilizadas por corantes, eléctrodos de grafeno para células solares orgânicas, eletrónica de plástico, componentes de nanotubos de carbono, baterias de iões de lítio, telecomunicações e dispositivos portáteis, ótica, nova iluminação e novos ecrãs.

CAPÍTULO 1

Introdução

1.1. Nanotecnologia

A nanotecnologia ("nanotech") é a manipulação da matéria a nível atómico, molecular e supramolecular. A primeira descrição amplamente utilizada de nanotecnologia **[1, 2]** referia-se ao objetivo tecnológico específico de manipulação precisa de átomos e moléculas para produzir produtos a uma macro-escala, também conhecida atualmente como nanotecnologia molecular. Uma descrição mais geral das nanotecnologias foi mais tarde estabelecida pela Iniciativa Nacional sobre Nanotecnologias, que define as nanotecnologias como a manipulação da matéria com, pelo menos, uma dimensão entre 1 e 100 nanómetros. Esta definição reflecte o facto de os efeitos da mecânica quântica serem importantes a esta escala, pelo que a definição deixou de ser um objetivo tecnológico específico e passou a ser uma categoria de investigação que abrange todos os tipos de investigação e tecnologias que lidam com as propriedades específicas da matéria abaixo do limiar de dimensão especificado. É, por conseguinte, comum utilizar o plural "nanotecnologias", bem como "tecnologias à escala nanométrica", para referir a vasta gama de investigação e aplicações cuja caraterística comum é a dimensão. Devido à vasta gama de potenciais aplicações (incluindo industriais e militares), os governos investiram milhares de milhões de dólares na investigação em nanotecnologias. Em 2012, os EUA tinham investido 3,7 mil milhões de dólares no âmbito da sua Iniciativa Nacional para a Nanotecnologia, a União Europeia 1,2 mil milhões de dólares e o Japão 750 milhões de dólares **[3]**.

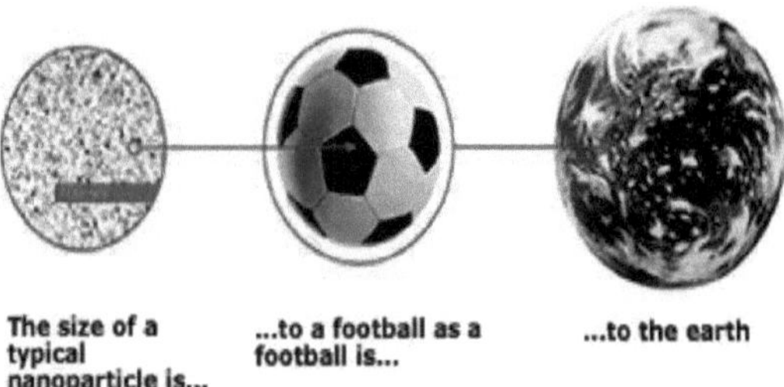

A nanotecnologia tem naturalmente um âmbito muito vasto, abrangendo domínios científicos tão diversos como a ciência das superfícies, a química orgânica, a biologia molecular, a física dos semicondutores, o microfabrico, etc.[4]. A investigação e as aplicações associadas são igualmente diversas e vão desde extensões da física convencional dos dispositivos até abordagens completamente novas baseadas na auto-organização molecular, desde o desenvolvimento de

novos materiais com dimensões na ordem dos nanómetros até ao controlo direto da matéria a nível atómico. Os cientistas também estão atualmente a discutir o impacto futuro da nanotecnologia. A nanotecnologia pode ser potencialmente utilizada para criar muitos materiais e dispositivos novos com uma vasta gama de aplicações, por exemplo, na medicina, na eletrónica, na produção de energia a partir de biomateriais e em bens de consumo. Por outro lado, as nanotecnologias levantam muitas das mesmas questões que qualquer nova tecnologia, incluindo preocupações sobre a toxicidade e o impacto ambiental dos nanomateriais [5] e o seu potencial impacto na economia global, bem como especulações sobre vários cenários de fim do mundo. Estas preocupações levaram a um debate entre as partes interessadas e os governos sobre a necessidade de uma regulamentação especial das nanotecnologias.

A história da nanotecnologia começou há cerca de 3,8 mil milhões de anos, quando se desenvolveram as primeiras células vivas. Nestas células, as máquinas biológicas geravam energia à escala nanométrica e reuniam moléculas em estruturas maiores (World Book Science 2009 [6]). Os materiais à nanoescala não são novos. São utilizados há mais de um milénio. Os primeiros exemplos de nanomateriais baseavam-se na compreensão empírica dos materiais por parte dos artesãos. A Taça de Licurgo em Roma, por exemplo, é feita de vidro dicroico. O ouro e a prata coloidais contidos no vidro fazem-no parecer verde opaco do lado de fora, mas vermelho translúcido quando a luz brilha do lado de dentro. Foi utilizado um grande calor para produzir este material com propriedades inovadoras. No entanto, foram necessários dez séculos para que fossem inventados microscópios de alto desempenho que permitissem ver coisas à nanoescala (Iniciativa Nacional para a Nanotecnologia).

A história moderna da nanotecnologia começou há cerca de 53 anos, quando o físico americano Richard P. Feynman proferiu uma conferência intitulada "There's Plenty of Room at the Bottom". Nessa conferência, falou sobre a manipulação de objectos ao nível atómico (Enciclopédia Britânica 2012 [7]). Começou com a pergunta: "Porque é que não podemos escrever os 24 volumes da

Enciclopédia Britânica na cabeça de um alfinete?" Calculou que, para o conseguir, a enciclopédia teria de encolher 25 000 vezes, uma vez que a cabeça de um alfinete tem um diâmetro de 0,16 centímetros, e continuou: "Como é que a escreveríamos?" e "Como é que a leríamos?". As suas respostas referiam-se a técnicas modernas que permitiam produzir cópias ilimitadas do original a baixo custo. Na altura em que falou, os computadores eram grandes e ocupavam salas inteiras. Mais tarde, concentrou-se no problema da miniaturização das máquinas. Propôs uma nova técnica que permite construir componentes à escala nanométrica a partir do zero (World Book Science 2009 **[6]**)

1.1.1 O desenvolvimento das nanotecnologias [11].

Nas duas décadas seguintes, foram desenvolvidas várias outras estruturas, cada uma delas construída átomo a átomo.
-Atualmente, a nanotecnologia é uma das áreas de crescimento mais rápido da ciência e da tecnologia, onde estão a ser feitos avanços exponenciais. Os avanços recentes incluem:
-Os primeiros circuitos integrados com nanotubos de carbono tridimensionais. Estes poderão ser cruciais para manter o crescimento do desempenho dos computadores e permitir a continuação da Lei de Moore.
Módulos solares com maior eficiência graças à utilização de materiais nanotecnológicos.
-Garrafas de purificação de água com filtros de apenas 15 nanómetros de largura, que permitem ao pessoal militar e aos civis afectados por catástrofes produzir água potável segura (mesmo que a água provenha de uma fonte suja).
O equipamento militar está a tornar-se mais leve e mais estável graças à utilização de nanomateriais.
-Os polímeros nanoestruturados na tecnologia de ecrã permitem imagens mais brilhantes, menor peso, menor consumo de energia e ângulos de visualização mais amplos.
Superfícies nanotecnológicas altamente resistentes a bactérias, sujidade e riscos.
-Novos tecidos altamente resistentes aos líquidos, pelo que estes caem simplesmente sem deixar humidade ou manchas .
-Os catalisadores nanoestruturados são utilizados para tornar os processos de produção química mais eficientes, poupar energia e reduzir os resíduos.
-Os produtos farmacêuticos estão a ser reformulados com partículas à escala nanométrica para melhorar a sua absorção e facilitar a sua administração.
-Existem muitas mais aplicações e a lista está em constante crescimento. Prevê-se que, em 2025, a nanotecnologia seja uma indústria madura, com

inúmeros produtos correntes .

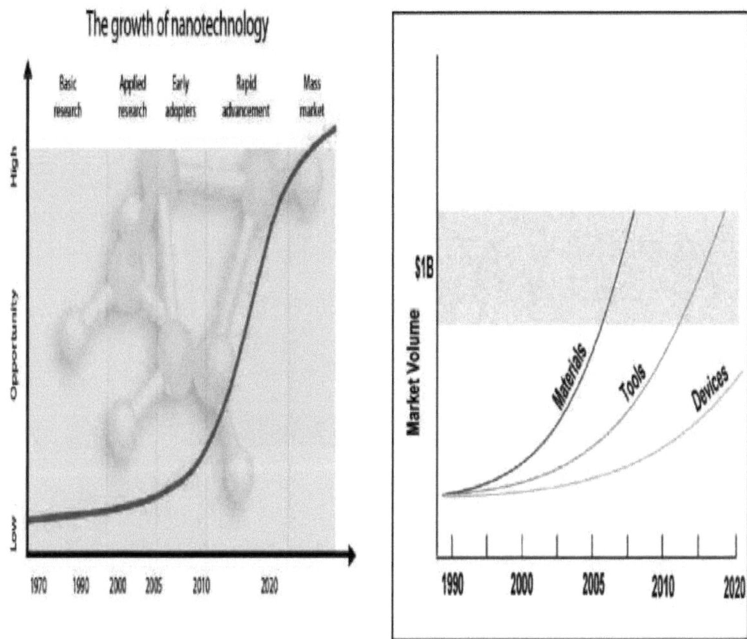

1.2. Árvore do ensino das nanotecnologias

A Árvore Pedagógica das Nanotecnologias fornece uma introdução às nanotecnologias e à sua aplicação em vários sectores empresariais e industriais. Contém também uma grande quantidade de informações acessíveis sobre a nanotecnologia e as suas muitas aplicações. Fornece também informações sobre aspectos societais, riscos potenciais, necessidade de normas, alguns dos mitos em torno das nanotecnologias, uma cronologia de alguns dos principais desenvolvimentos e ligações a vários projectos financiados pela UE **[12]**.

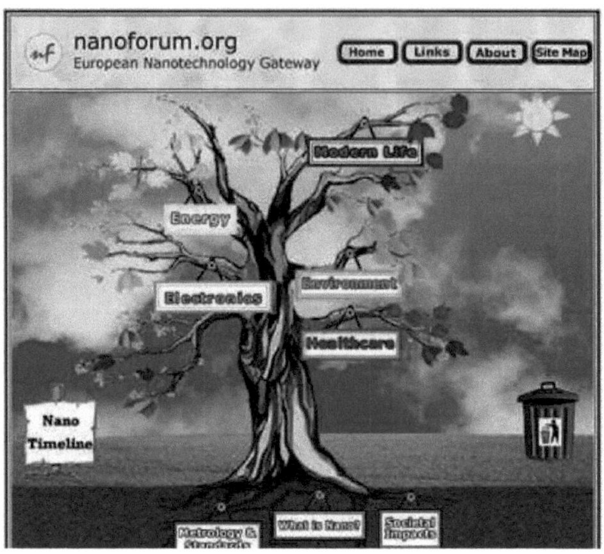

1.3. Conceitos

A nanotecnologia é o desenvolvimento de sistemas funcionais a nível molecular. Engloba tanto o trabalho atual como conceitos mais avançados. No seu significado original, a nanotecnologia refere-se à capacidade prospetiva de construir objectos a partir do zero, utilizando técnicas e ferramentas que estão agora a ser desenvolvidas para produzir produtos completos e de elevado desempenho.

Um nanómetro (nm) é um bilionésimo, ou seja, 10^{-9}, de um metro. Comparativamente, os comprimentos típicos das ligações carbono-carbono, ou seja, as distâncias entre estes átomos numa molécula, são da ordem dos 0,12-0,15 nm, e uma dupla hélice de ADN tem um diâmetro de cerca de 2,0 nm. Por outro lado, as formas de vida celular mais pequenas, as bactérias do género Mycoplasma, têm cerca de 200 nm de comprimento. Por convenção, entende-se por nanotecnologia o intervalo de 1 a 100 nm, com base na definição da Iniciativa Nacional de Nanotecnologia dos EUA. O limite inferior é determinado pela dimensão dos átomos (o hidrogénio tem os átomos mais pequenos, que têm um diâmetro de cerca de um quarto de nm), uma vez que a nanotecnologia tem de construir os seus dispositivos a partir de átomos e moléculas. O limite superior é mais ou menos arbitrário, mas situa-se na dimensão a partir da qual os fenómenos que não podem ser observados em estruturas maiores se tornam visíveis e podem ser utilizados no nanodispositivo **[13]**. Estes novos fenómenos distinguem as nanotecnologias dos dispositivos que são meras versões miniaturizadas de um dispositivo macroscópico correspondente; tais dispositivos encontram-se numa escala maior e são abrangidos pela descrição de microtecnologia [14]. Para colocar esta escala num contexto diferente: A comparação entre um nanómetro e um metro é equivalente ao tamanho de um berlinde em relação ao tamanho da Terra [15]. Ou, dito de outra forma: um nanómetro é quanto cresce a barba de um homem médio no tempo que demora a encostar uma navalha ao rosto [15].

Na nanotecnologia, são seguidas duas abordagens principais. Na abordagem "ascendente", os materiais e dispositivos são construídos a partir de componentes moleculares que são montados quimicamente de acordo com os princípios do reconhecimento molecular. Na abordagem "de cima para baixo", os nano-objectos são construídos a partir de unidades maiores sem controlo a nível atómico [16]. Finalmente, áreas da física como a nanoelectrónica, a nanomecânica, a nanofotónica e a nanoiónica desenvolveram-se nas últimas décadas, constituindo uma base científica fundamental para as nanotecnologias.

CAPÍTULO 2

Riscos e benefícios da nanotecnologia

A tomada em consideração dos riscos potenciais para a saúde humana e o ambiente, bem como de outras preocupações públicas relacionadas com questões sociais e éticas, é essencial para o desenvolvimento responsável de novas tecnologias **[17]**. A National Science Foundation financiou dois centros nacionais (2005) dedicados ao estudo dos impactos societais das nanotecnologias emergentes, os Centros de Nanotecnologia na Sociedade (CNS) da Universidade da Califórnia em Santa Bárbara (CNS-UCSB) e da Universidade Estatal do Arizona (CNS-ASU). As carteiras de investigação de ambos os centros examinam os pontos de vista do público dos EUA (e de outros países comparáveis) sobre os riscos e benefícios da nanotecnologia - a nossa abordagem no CNS-UCSB centra-se na investigação da perceção do risco e não na sondagem da opinião pública.

A investigação sobre a perceção do risco centra-se em fenómenos de risco social que não podem ser explicados pela avaliação tradicional do risco, por exemplo, a forte rejeição pública da energia nuclear nos EUA ou a oposição pública aos alimentos geneticamente modificados na Europa, ou, por outro lado, a perceção pública enfraquecida do risco, por exemplo, em relação aos perigos de um comportamento sexual de risco ou do bronzeamento artificial.

As percepções dos riscos e benefícios são um indicador muito melhor da forma como reagiremos às novas tecnologias do que os dados empíricos sobre os danos. Após quase quatro anos de investigação sobre a opinião pública relativamente aos riscos e benefícios das nanotecnologias em vários países, estamos ainda numa fase inicial de compreensão destas novas opiniões. Em primeiro lugar, uma meta-análise recente de todos os inquéritos publicados sobre as atitudes do público relativamente às nanotecnologias nos EUA, Canadá, Europa e Japão de 2004 a 2009 **[18, 19]** concluiu que a familiaridade do público com as nanotecnologias continua a ser muito baixa, com uma média de cerca de 65% dos inquiridos que pouco ou nada sabem sobre "nanotecnologias". É de salientar que, em contraste com estudos anteriores sobre a perceção dos riscos tecnológicos, a ignorância no caso das nanotecnologias ainda não foi acompanhada de aversão ao risco. Mais do dobro das pessoas que tinham recebido pouca informação sobre a nanotecnologia consideravam que os benefícios superavam os riscos, o que indica uma atitude positiva em relação à ciência e à tecnologia e à sua probabilidade de fazer "bem". No entanto, também descobrimos que, em média, 44% dos inquiridos, uma minoria muito grande, estavam tão inseguros sobre os benefícios ou riscos da nanotecnologia que não estavam dispostos a fazer um julgamento. Esta grande base de juízos não formados proporciona uma oportunidade única para a educação e o envolvimento, bem como para uma ação regulamentar e industrial que crie confiança, um fator-chave para manter a aceitação pública, embora tanto nós como os nossos

Os comentadores concordam que esta situação não pode ser considerada um dado adquirido e pode não ser sustentável **[20, 21]**.

As formas que a educação e o envolvimento devem assumir nesta situação invulgar são uma questão central que requer investigação empírica. Para responder a esta questão, estamos a realizar inquéritos quantitativos com grandes amostras representativas e estudos específicos e aprofundados com grupos mais pequenos. Estes últimos incluem dois projectos de consulta pública destinados a obter uma compreensão mais profunda das preocupações e desejos do público, a desenvolver formatos-piloto para a educação e autoeducação e a comparar pontos de vista sobre diferentes aplicações da nanotecnologia.

Em 2007, Pidgeon, NF, et al. realizaram workshops comparativos transnacionais entre os EUA e o Reino Unido sobre nanotecnologias para a saúde e energia **[19]**. Em consonância com a meta-análise, verificámos que tanto os participantes dos EUA como do Reino Unido consideravam as nanotecnologias como provavelmente benéficas, com algumas diferenças mais subtis em questões de justiça distributiva, responsabilidade governamental e empresarial e fiabilidade. Mais notável ainda foi o forte contraste entre as opiniões consistentemente favoráveis às nanotecnologias no sector da energia e as opiniões mais complexas e com múltiplos valores sobre as tecnologias da saúde, médicas e de melhoramento. Numa nova investigação atualmente em curso, estamos a explorar como e porquê o género influencia tão fortemente o otimismo ou o pessimismo em relação à tecnologia. Além disso, através de inquéritos experimentais, estamos a investigar o modo como quadros específicos, cenários, aplicações e outras caraterísticas da informação interagem com a posição social e outras experiências para influenciar as percepções dos riscos e benefícios da nanotecnologia. Este patamar de perceção de risco persistentemente baixo também nos obriga a analisar de perto as especificidades e tolerâncias da perceção de benefícios.

CAPÍTULO 3

Aplicações da nanotecnologia

3.1. Saúde e medicina

3.1.1. Diagnóstico

3.1.1.1. Imagiologia

A imagiologia médica **(Fig. 3)** permite aos médicos observar os efeitos das doenças e dos danos no corpo. No passado, no entanto, estava limitada a certos tecidos (por exemplo, osso), e os tecidos em particular **eram** muito difíceis de visualizar **[22]**. Graças à evolução da nanotecnologia, foram desenvolvidos novos agentes de imagiologia que podem "iluminar" eficazmente o tecido de interesse. Estes agentes imagiológicos são constituídos por uma molécula de orientação que pode ligar-se especificamente ao tecido doente ou danificado (como descrito na secção "Diagnóstico") e por uma molécula imagiológica que pode ser detectada por ressonância magnética, raios X, ultra-sons ou várias outras técnicas de imagiologia utilizadas atualmente nos hospitais. Na vanguarda estão os fulerenos (ou buckyballs), gaiolas de átomos de carbono que envolvem uma molécula imagiológica e podem ser ligadas a biomoléculas específicas. Os pontos quânticos (utilizados em testes de diagnóstico) podem também ser utilizados para a imagiologia no corpo **[23, 24]**.

Em todos estes casos, uma vez injetado no doente, o agente de contraste pode localizar e ligar-se com precisão ao tecido alvo doente ou danificado, permitindo aos médicos determinar de forma fiável a localização e a extensão da doença ou do dano.

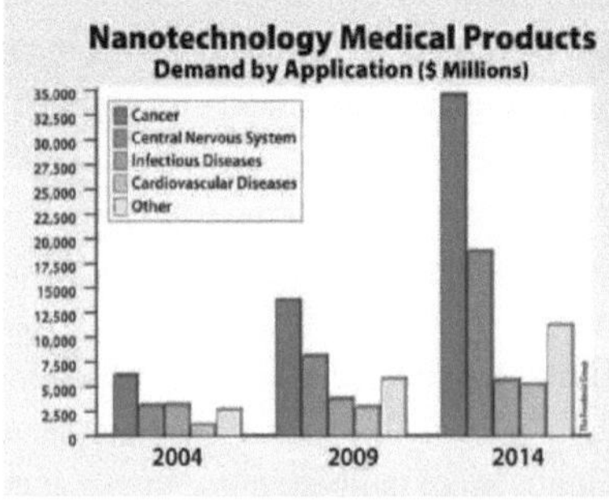

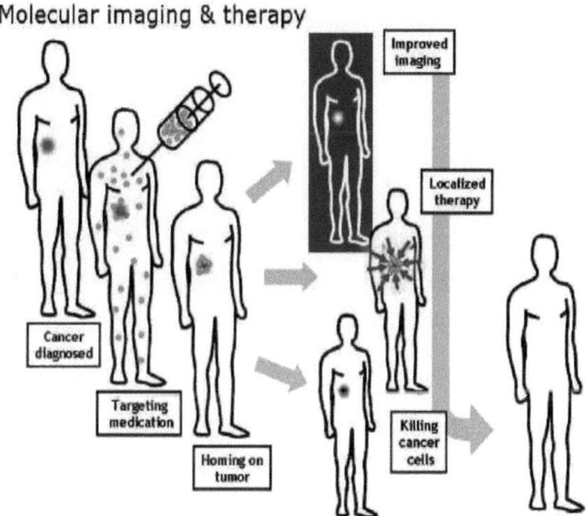

3.1.1.2 Bioensaios

Os bioensaios são utilizados em medicina para detetar a presença de doenças. Esta pode ser uma doença infecciosa (como vírus ou bactérias) ou uma doença genética (como o cancro). A escolha da biomolécula depende do tipo de doença, mas pode ser uma proteína, ADN ou ARN. Todos os bioensaios funcionam através da ligação selectiva de uma molécula biológica (ou biomolécula) a outra (tal como uma chave numa fechadura ou os dentes de um fecho de correr). Os bioensaios tornaram-se possíveis através da ligação da biomolécula a uma nanopartícula **[25]:**

mais sensíveis (podem detetar a presença de um menor número de moléculas-alvo da doença e, assim, reconhecer a doença muito mais cedo no seu desenvolvimento)

-Mais fácil de realizar (pode ser efectuada rapidamente e sem limpar as amostras colhidas do paciente)

detetar simultaneamente mais biomoléculas-alvo e, por conseguinte, mais doenças (ou consequências de doenças), combinando diferentes biomoléculas com diferentes nanopartículas

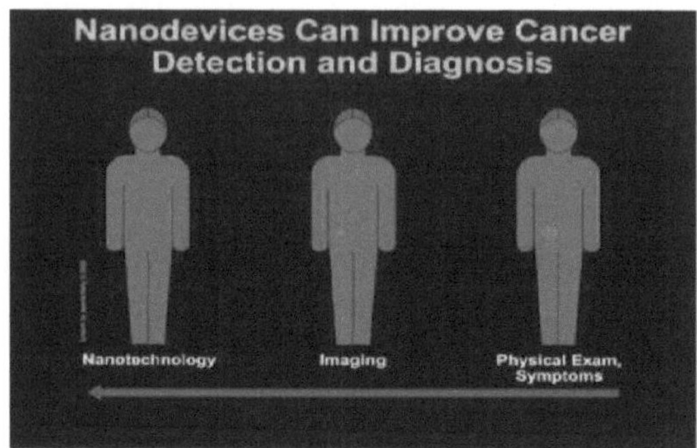

Podem ser utilizadas nanopartículas feitas de diferentes materiais, como pontos quânticos (feitos de materiais semicondutores), que podem emitir diferentes cores de luz
dependendo do seu tamanho; o ouro, que pode ser utilizado para um teste elétrico ou de mudança de cor; e ainda as nanopartículas, que são constituídas por camadas de diferentes materiais e criam uma
Efeito de "código de barras" (estes podem ser facilmente "lidos" com um microscópio).

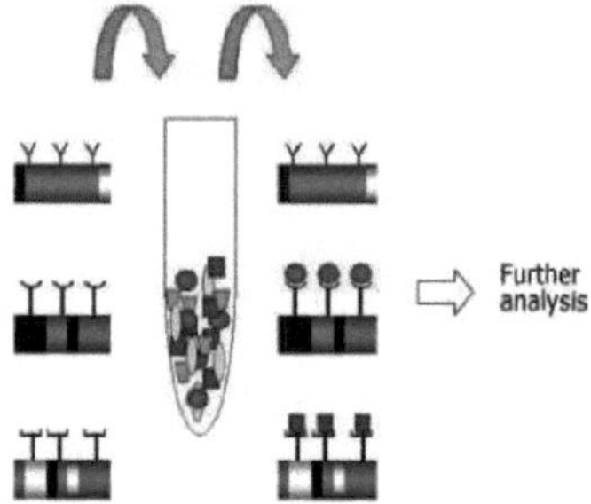

3.1.1.3. Controlo

A monitorização da saúde de um doente é importante não só para quem está a recuperar de uma cirurgia ou de um tratamento, mas também para os exames de rotina de indivíduos saudáveis. Os dispositivos Point-of-care (POC) oferecem um nível de flexibilidade sem precedentes, medindo muitos factores fisiológicos diferentes, como a pressão sanguínea, a química do sangue (por exemplo, níveis de açúcar, hormonas e anticorpos no sangue), o ritmo cardíaco e a temperatura corporal no local onde se encontra o doente, sem necessidade de enviar amostras para o laboratório. **[26]**.

Para testes mais complicados, os dispositivos POC podem incluir dispositivos lab-on-a-chip que podem medir rapidamente dezenas ou centenas de biomoléculas diferentes. Ao efetuar medições rápidas nas instalações do doente, os médicos evitam o risco de perder amostras, esperar dias pelos resultados do laboratório e efetuar diagnósticos errados porque as amostras foram armazenadas ou manuseadas incorretamente. Desta forma, o tratamento correto pode ser administrado rapidamente e o diagnóstico de doenças em áreas remotas (por exemplo, infecções por VIH em países em desenvolvimento) é possível devido à mobilidade dos dispositivos. No futuro, estes dispositivos poderão ser ligados sem fios a um computador no consultório médico, de modo a que os doentes possam monitorizar-se a si próprios no conforto da sua casa e só se dirijam ao médico quando for necessário alterar o tratamento.

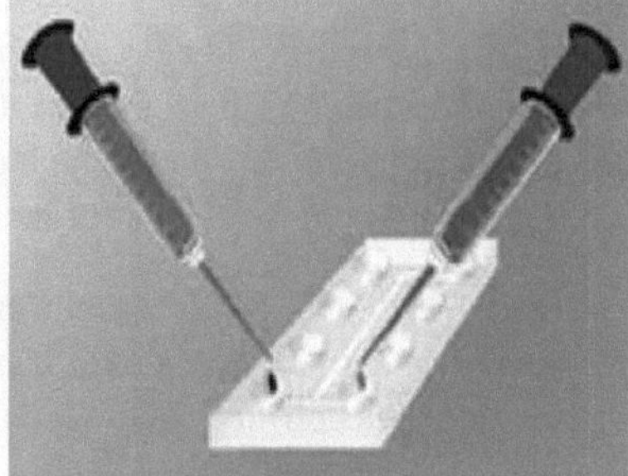

3.1.2. Novos medicamentos

Muitos medicamentos potencialmente úteis nunca são desenvolvidos porque têm efeitos secundários ou são demasiado difíceis de produzir numa forma que possa ser facilmente administrada ao doente **[27]**. A nanotecnologia pode fornecer soluções para estes problemas, combinando o "ingrediente ativo" do medicamento com moléculas estabilizadoras ou utilizando novas tecnologias de processamento para produzir o medicamento sob a forma de um pó muito mais fino. Por exemplo, empresas como a Nanotherapeutics estão a produzir medicamentos para a asma e analgésicos sob a forma de pós à escala nanométrica que são tomados com um inalador e são absorvidos pelo organismo mais rapidamente do que os métodos convencionais. Por último, a MagForce Nanotechnologies está a desenvolver novas terapias contra o cancro. Estas baseiam-se em nanopartículas magnéticas de ferro que podem ser aquecidas através da alteração de um campo magnético aplicado, provocando a morte das células cancerígenas, que são mais sensíveis à temperatura do que as células normais.

3.1.2.1 Novas formas de distribuição

Garantir que um medicamento chega ao tecido ou órgão pretendido de um doente e que é administrado na dose correta é uma das tarefas mais importantes da medicina moderna. Isto é particularmente importante para o tratamento do cancro, uma vez que a maioria dos medicamentos de quimioterapia são tóxicos tanto para as células normais como para as células cancerígenas.

A nanotecnologia oferece soluções para estes problemas. Por exemplo, o revestimento de um fármaco com diferentes moléculas pode torná-lo mais solúvel em água (para uma aplicação mais fácil), permitir-lhe penetrar mais facilmente nas membranas celulares ou mesmo direccioná-lo para um tecido ou órgão específico **[28, 29]**.

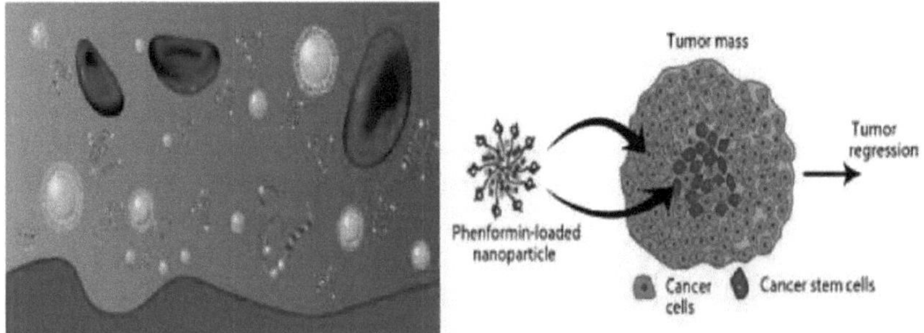

Um exemplo de medicamentos que utilizam a nanotecnologia para melhorar a sua administração é o ABRAXANE, uma formulação de nanopartículas do medicamento de quimioterapia paclitaxel e da proteína albumina que é mais eficaz e menos tóxica do que a forma livre do medicamento.

Liposome for Drug Delivery

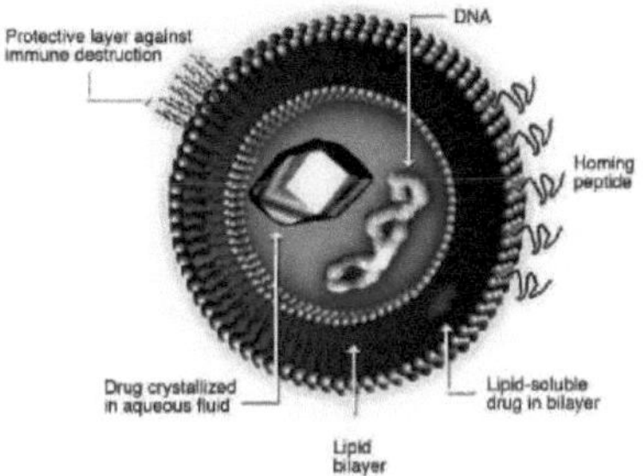

3.1.2.1. Medicina personalizada

Atualmente, utilizam-se geralmente métodos bastante antiquados, experimentados e testados para tratar as doenças. É claro que estes métodos nem sempre são totalmente bem sucedidos, uma vez que as soluções e tratamentos gerais são frequentemente aplicados a problemas muito específicos. Além disso, os cuidados de saúde actuais podem muitas vezes causar problemas adicionais, como a rejeição ou uma má resposta a um transplante. Neste contexto, a nanotecnologia pode ajudar a resolver alguns destes problemas de várias formas. Será possível oferecer uma medicina personalizada, adaptada a cada doente e à sua doença específica **[30]**.

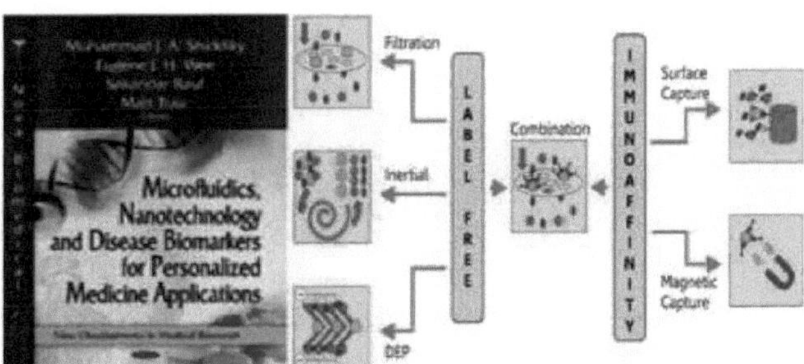

O risco de rejeição de implantes pode ser minimizado através de nanorrevestimentos "próximos do corpo", e estão também a ser desenvolvidas novas técnicas para permitir uma utilização mais direcionada dos medicamentos.

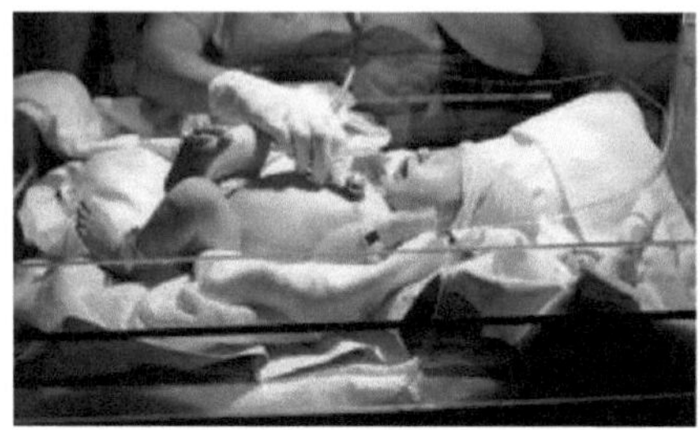

3.1.3. Prevenção

3.1.3.1. Revestimentos antimicrobianos

Os revestimentos antimicrobianos podem ser muito benéficos em contextos de cuidados de saúde, uma vez que ajudam a minimizar a persistência e a propagação de micróbios como vírus, bactérias e fungos **[31, 32]**. Estes revestimentos são vistos como um suplemento e não como um substituto

para os procedimentos de descontaminação e esterilização do material cirúrgico e das superfícies do bloco operatório (por exemplo, desinfectantes, autoclave, etc.).

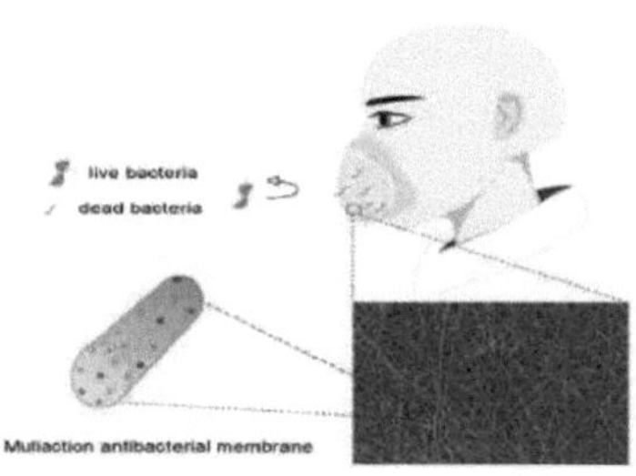

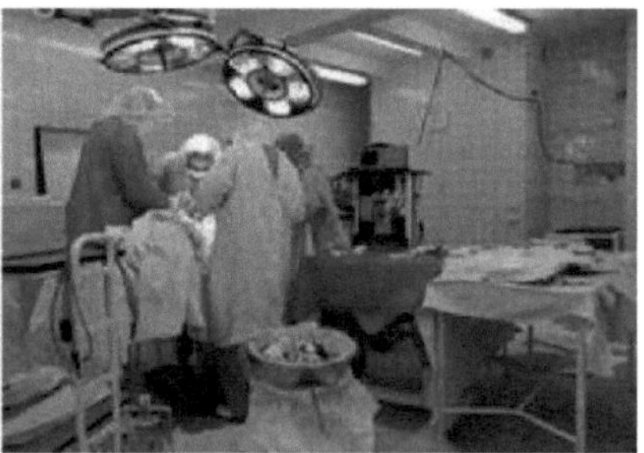

Os revestimentos podem ajudar a minimizar a capacidade de os micróbios se ligarem e crescerem em superfícies que entram em contacto com os fluidos corporais do doente durante os procedimentos operacionais normais. Isto pode ser conseguido passivamente através de revestimentos "antiaderentes" ou ativamente (através de revestimentos com nanopartículas de prata e dióxido de titânio que podem matar diretamente os micróbios). Estes revestimentos também podem ajudar a minimizar a propagação acidental de doenças de superfície para superfície para o doente.

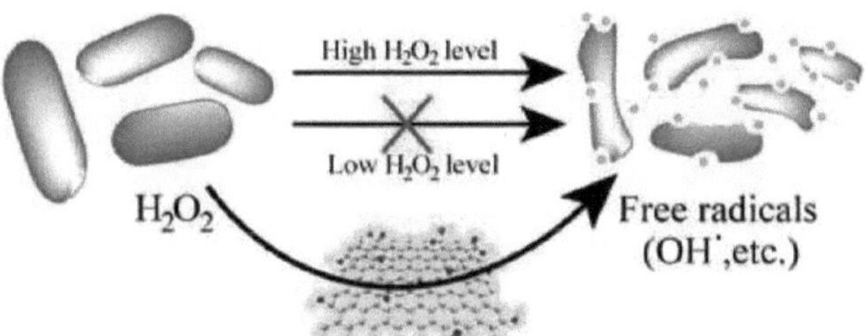

As nanopartículas de prata também estão a chegar aos lares. Nos últimos anos, grandes fabricantes como a Daewoo e a LG revestiram o interior dos seus frigoríficos com estas nanopartículas. Esta superfície antibacteriana contribui para um ambiente saudável e limpo e garante que o conteúdo do frigorífico se mantém fresco durante mais tempo

3.1.3.2. Filtros

Um dos meios mais importantes de prevenção da doença é evitar a exposição a micróbios patogénicos **[33-35].** Isto pode ser feito não só através da disponibilização de superfícies estéreis, mas também através da filtragem do ar e dos fluidos a que o doente está exposto durante o tratamento.

O problema é que muitos vírus são mais pequenos do que os poros destes filtros e podem, por isso, penetrá-los, tornando-os inúteis.

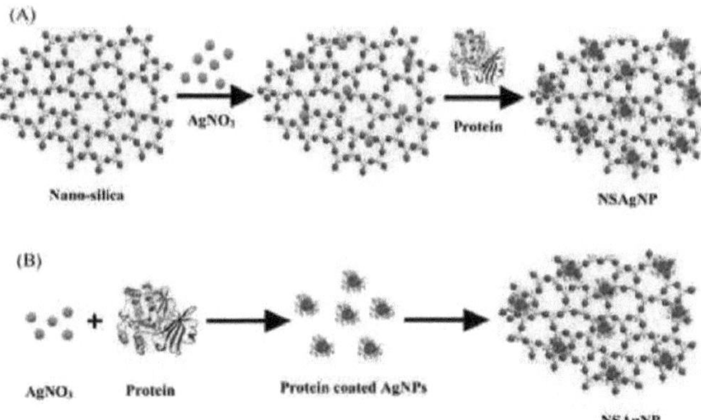

Os novos filtros têm poros à escala nanométrica que podem remover até os vírus mais pequenos. A adição de materiais activos, como nanopartículas de prata ou de dióxido de titânio, e de fontes de luz UV pode aumentar ainda mais este

efeito, matando os vírus, bactérias e fungos retidos. Estes sistemas já estão a ser utilizados na luta contra a SRA para evitar a transmissão do vírus dos doentes infectados para o pessoal médico.

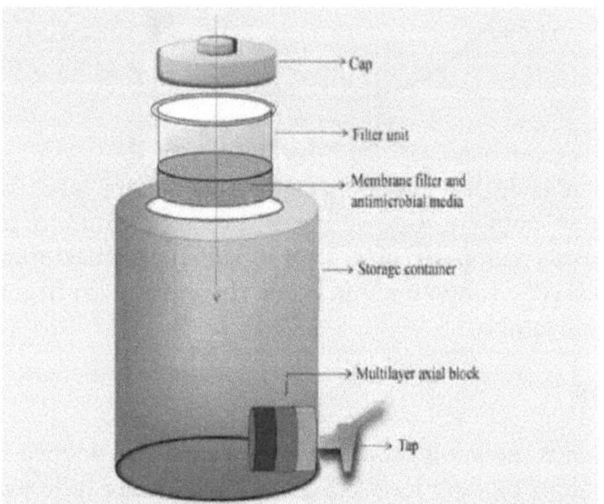

CAPÍTULO 4

Ambiente

4.1. Limpar

A industrialização trouxe muitos benefícios, mas também trouxe poluição. Embora nas últimas décadas tenham sido tomadas medidas para limitar a nova poluição, o problema da remoção dos poluentes que já se encontram no ambiente e da limpeza após derrames acidentais mantém-se.

Neste contexto, a nanotecnologia oferece novas soluções sob a forma de partículas e sistemas de filtragem que podem ligar e remover ou inativar poluentes em terra, na água e no ar **[36, 37]**. Isto promete uma utilização mais eficiente dos recursos, energias renováveis, monitorização ambiental e muitos outros benefícios. Para além de todos estes benefícios, é importante reconhecer que as nanopartículas são ainda um domínio relativamente desconhecido, pelo que os seus efeitos devem ser investigados em profundidade o mais rapidamente possível.

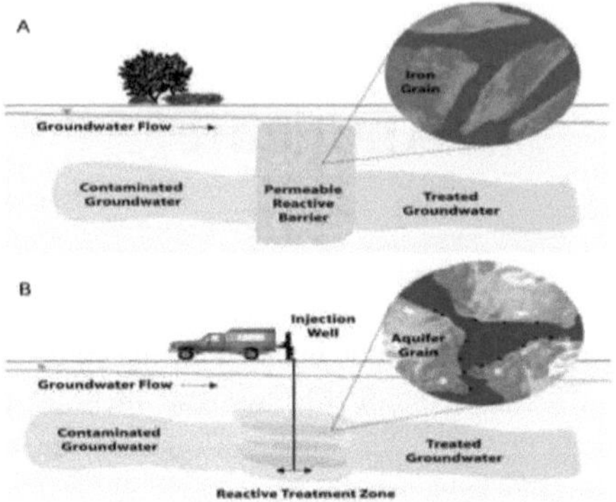

4.1.1. Poluente aglutinante

O problema é que a vida moderna causa poluição - seja através dos gases de escape, das fábricas de produtos químicos ou dos fertilizantes no solo. Mas também existem muitos poluentes "naturais". Muitas das tecnologias actuais não conseguem lidar com estes problemas. No entanto, podem ser produzidos novos nanomateriais que ligam estes poluentes e que podem ser limpos (tal como se usa uma esponja para limpar a água derramada). Por exemplo, os níveis de arsénico nas águas subterrâneas em muitos países, como o Bangladesh, estão acima dos limites estabelecidos pela Organização Mundial de Saúde (OMS) **[38-40]**.

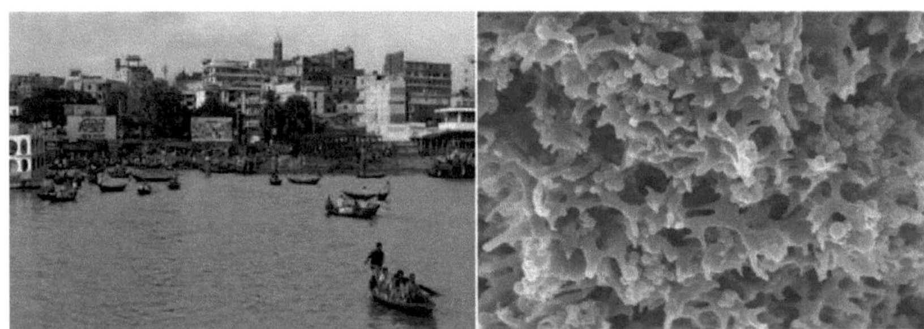

Não existe nenhum método convencional que possa reduzir os níveis abaixo dos limites recomendados. No entanto, um novo sistema desenvolvido pela Universidade de Rice utiliza nanopartículas magnéticas de óxido de ferro que se ligam a mais de 99% do arsénio presente e que podem ser removidas da água através da aplicação de um campo magnético.

4.1.2. Colapso

A reparação do ambiente pode beneficiar da utilização da nanotecnologia **[41-43]**. Na vanguarda deste processo está a utilização de nanopartículas de dióxido de titânio. Estas actuam como catalisadores que ajudam a decompor moléculas maiores ou reactivas em moléculas mais pequenas ou menos reactivas. Por exemplo, o dióxido de azoto e os compostos orgânicos voláteis presentes nos gases de escape podem ser decompostos em compostos mais inofensivos, como nitratos, pequenos compostos contendo carbono e água, que podem ser mais facilmente absorvidos pelo ambiente. Já se podem encontrar exemplos disto em produtos comerciais: A Pilkington Glass revestiu as superfícies dos seus vidros com nanopartículas de dióxido de titânio que decompõem a sujidade. O processo é desencadeado pela luz solar e completado pela água da chuva, que lava os resíduos da superfície do vidro e catalisa a decomposição da sujidade. A chuva pode então lavá-la facilmente.

Chiesa "Dives in Misericordia" - Roma

A Italcementi produziu novos betões compostos com nanopartículas de dióxido de titânio que estão a ser utilizados em vários projectos de construção, como os da fotografia acima. Estes materiais decompõem os poluentes atmosféricos e têm a vantagem adicional de se manterem limpos, como se pode ver nos edifícios brancos imaculados da fotografia acima. Do mesmo modo, a nova Ecopaint da Millenium Chemicals contém nanopartículas de dióxido de titânio e pode ser utilizada para revestir fachadas de edifícios, vedações, etc., para eliminar os poluentes atmosféricos.

4.2. Reduzir o impacto

4.2.1. Redução da utilização de materiais/energia

A nanotecnologia oferece duas formas de reduzir o consumo de material e de energia. Em primeiro lugar, os nanomateriais são geralmente mais activos do que os materiais a granel, pelo que é necessário menos material ou as capacidades desse material (por exemplo, isolamento) são significativamente melhoradas. Em segundo lugar, os materiais comuns podem ser transformados em excelentes substitutos de materiais raros através da aplicação da nanotecnologia (por exemplo, substituição da platina em catalisadores por óxidos metálicos nanoestruturados).

Estas novas aplicações podem frequentemente ser mais eficientes do ponto de vista energético, tanto na produção como na utilização final. No entanto, deve ser efectuada uma análise do ciclo de vida para determinar se a nova aplicação é sustentável e se reduz ou aumenta efetivamente o impacto ambiental. Isto significa que deve ser determinado o consumo total de material e energia desde o desenvolvimento, fabrico e utilização do produto até à sua reciclagem ou eliminação. O índio, por exemplo, é amplamente utilizado em ecrãs LCD e em novas tecnologias de células solares. No entanto, só é utilizado em pequenas quantidades: Um ecrã de computador portátil, por exemplo, contém 50 miligramas de índio. O índio só é extraído em 6 locais do mundo, a um ritmo de apenas 350 toneladas por ano, pelo que é evidente que a oferta é limitada (em comparação com o ferro, por exemplo). O que é que acontece quando o índio se esgota? Como é que o índio pode ser reciclado eficazmente quando está tão disperso? Existe claramente uma necessidade real de desenvolver novos nanomateriais que possam substituir materiais como o índio e que sejam mais abundantes. No caso do índio, o óxido de zinco nanoestruturado é muito prometedor, pelo menos para determinadas aplicações.

4.2.2. Filtros

Os filtros podem beneficiar a sociedade e o ambiente de várias formas. Podem reduzir a poluição proveniente de processos de combustão, tanto em processos industriais como em veículos **[46]**. Podem também ser utilizados para remover as impurezas da água potável. Além disso, podem ser utilizados para o tratamento de água potável, tratamento de águas residuais, como filtros de bebidas e para a separação de óleo e água.

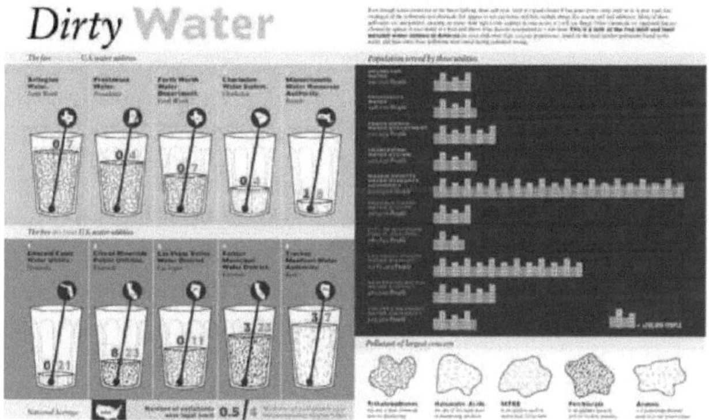

Os nanomateriais têm um efeito na tecnologia de filtragem, tanto passiva como ativamente. Os poros podem ser tão pequenos que bloqueiam até as partículas de vírus mais pequenas. Os filtros também podem conter materiais activados, como as nanopartículas de dióxido de titânio, que podem ajudar a quebrar as moléculas orgânicas, incluindo as que constituem as bactérias e os vírus.

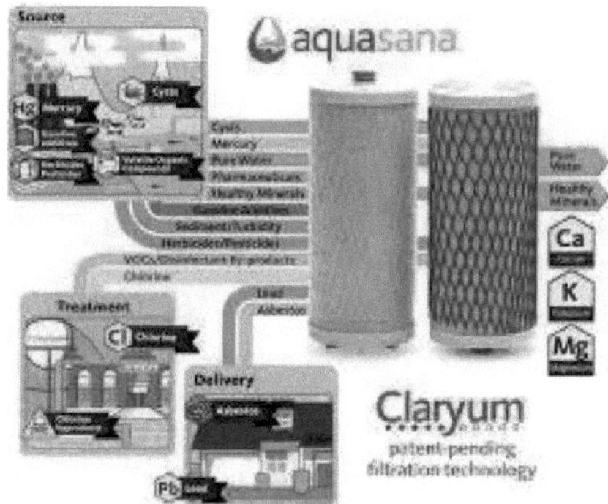

4.3. Controlo

4.3.1. Nanopartículas

4.3.2.

As nanopartículas estão omnipresentes na natureza: desde as nanopartículas de minerais na água até às que se encontram no ar devido a incêndios e **combustão [47]**. Contudo, a maioria deve-se a actividades humanas. Cerca de 60 % das nanopartículas no ambiente devem-se ao tráfego rodoviário, enquanto outros 27 % provêm de outros processos de combustão (por exemplo, em centrais eléctricas). São as nanopartículas presentes no ar que mais preocupam a saúde humana, uma vez que foi demonstrado que um aumento do nível de partículas ultrafinas no ar (com um diâmetro inferior a 10 micrómetros, um micrómetro equivale a 1000 nanómetros) pode levar a um aumento das doenças respiratórias e cardíacas, havendo cada vez mais provas de que as nanopartículas nesta fração podem entrar nos pulmões e causar inflamação e propagação a outros órgãos do corpo.Para fazer face a esta situação, temos de fazer duas coisas: reduzir ou impedir a libertação de nanopartículas provenientes da combustão e assegurar uma monitorização eficaz do ambiente. A redução pode ser conseguida através da utilização de filtros nanoporosos nos processos de combustão. Recentemente, a empresa Oxonica produziu uma nanopartícula de óxido de cério que aumenta a eficiência dos motores a gasóleo e reduz a quantidade de partículas que estes emitem.

A monitorização pode ser feita através de uma série de métodos analíticos que já existem e estão a ser desenvolvidos por nanocientistas, medindo o tamanho, a forma, a área de superfície e a reatividade química das partículas (todos aspectos importantes da atividade de uma nanopartícula). Uma comparação do tamanho das células de macrófagos de rato com o tamanho das nanopartículas (à escala) é mostrada abaixo. Os macrófagos humanos são até duas vezes maiores do que os macrófagos de rato. A imagem TEM foi criada com a permissão da Environmental Health Perspectives.

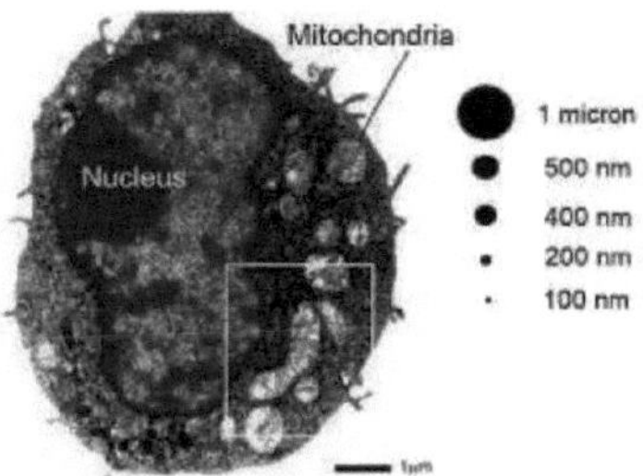

4.3.3. Valores de medição localizados

A tecnologia atual utiliza estações de medição de grandes dimensões, instaladas de forma permanente. Mesmo em zonas muito poluídas, por exemplo, nas cidades, estas estações podem estar a mais de um quilómetro de distância. No entanto, a poluição pode ser muito localizada (por exemplo, devido ao congestionamento do tráfego ou a instalações industriais), razão pela qual é importante localizá-la com precisão. Para tal, é necessária uma rede de sistemas de monitorização que possa fornecer leituras localizadas exactas em tempo real.

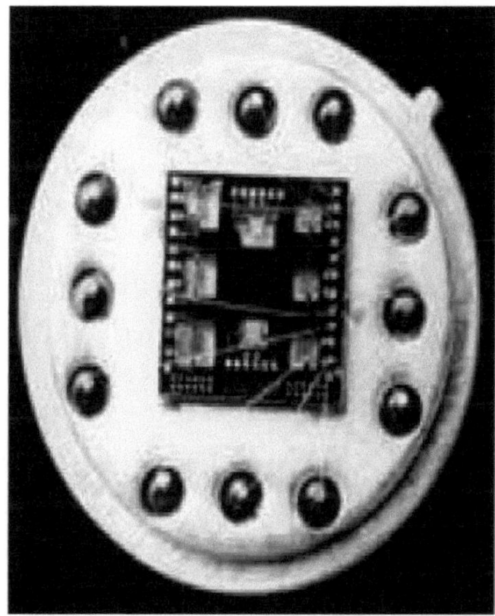

Camadas finas de materiais semicondutores nanoestruturados, como o óxido de estanho, foram incorporadas em pequenos sensores do tamanho de uma moeda. Estes ligam os poluentes atmosféricos, como o monóxido de carbono e os óxidos de azoto, a níveis inferiores às diretrizes recomendadas pela UE e libertam-nos novamente quando o nível de poluição diminui (o sensor é, portanto, reutilizável). A ligação é registada eletricamente em tempo real e esta informação pode ser transmitida diretamente a um computador central para análise. No futuro, poderá ser possível incorporar estes sensores em dispositivos móveis, como telefones e automóveis, para obter informações ainda mais pormenorizadas.

CAPÍTULO 5

Energia

A produção e o consumo de petróleo bruto e de outros combustíveis fósseis estão a atingir novos níveis recorde todos os anos. Ao mesmo tempo, estão a ser explorados cada vez menos campos petrolíferos novos, o que significa que a produção de petróleo deixará de ser capaz de satisfazer a procura nas próximas décadas. Além de estarmos a ficar sem petróleo, a nossa utilização de combustíveis fósseis está também a ter um impacto crescente no ambiente, sob a forma de gases com efeito de estufa e de aquecimento global. São também conhecidas fontes de energia alternativas, mas a sua eficiência é baixa em comparação com os custos. Os avanços na nanotecnologia podem ajudar neste domínio **[49-53].**

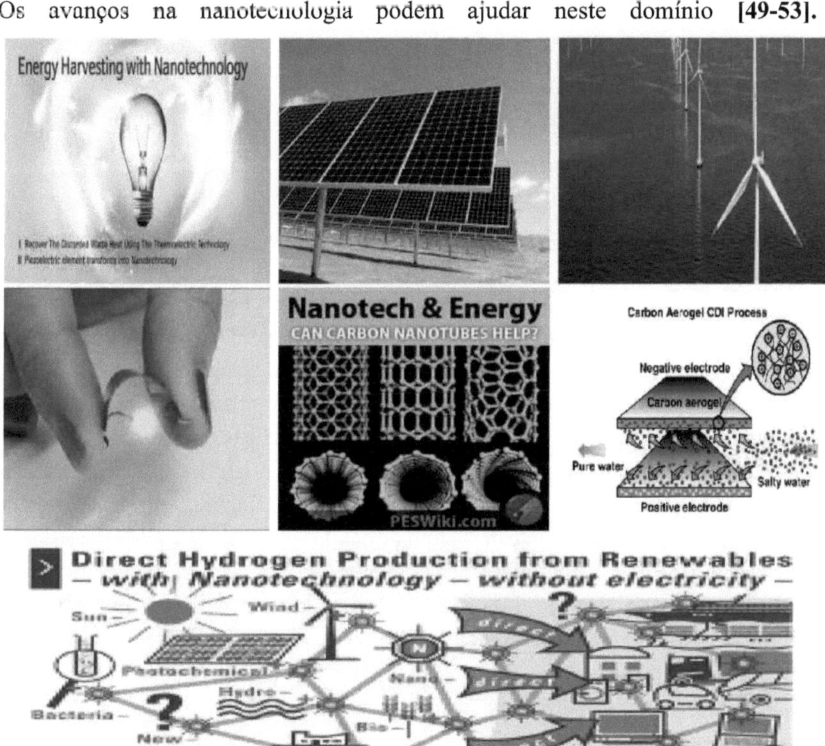

5.1. Energia solar
5.1.1. Maior potência

As células solares de silício baseadas nas microtecnologias actuais têm uma eficiência máxima de cerca de 25% (em laboratório) e de cerca de 14% para as células disponíveis no mercado. A baixa eficiência deve-se a dois factores: O silício absorve a luz dentro de um espetro bem definido para a converter em eletricidade (isto é conhecido como "band gap", o resto da luz não é absorvida ou é irradiada como calor) e, em segundo lugar, parte da energia absorvida perde-se devido à fraca condutividade dentro da célula solar. Novos nanomateriais e a estruturação de células solares à nanoescala podem ajudar a ultrapassar estes dois obstáculos **[54-59]**.

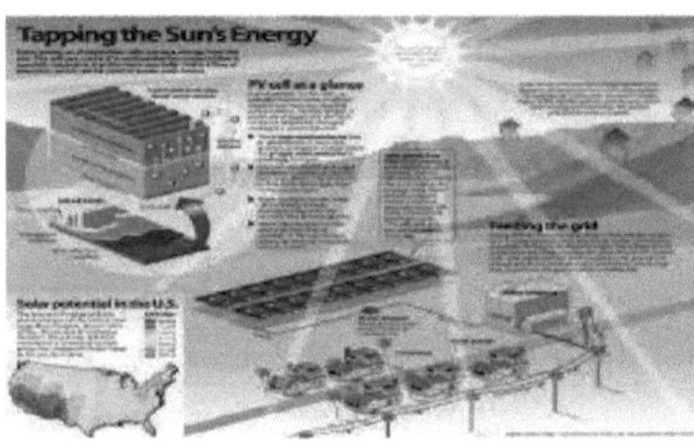

Outros semicondutores para além do silício podem também ser utilizados em células solares (por exemplo, gálio, índio e germânio). Cada semicondutor (ou composto misto de semicondutores) tem um intervalo de banda diferente, pelo que, quando as combinações destes semicondutores são empilhadas em camadas finas (algumas dezenas de nanómetros de espessura), cada camada pode absorver diferentes partes do espetro luminoso, aumentando a quantidade total de energia absorvida. As chamadas células solares multi-junção atingiram uma eficiência de 35 %. Outro aspeto importante deste tipo de célula solar é que a estrutura cristalina de cada camada deve ser harmonizada com precisão para garantir uma transmissão eléctrica eficiente. Note-se que estes semicondutores podem ser utilizados "ao contrário" para produzir diferentes cores de luz em díodos emissores de luz (LED). Por último, prevê-se que, no futuro, os pontos quânticos proporcionem as células solares de maior eficiência, com cerca de 85%. Isto deve-se ao facto de os pontos quânticos poderem ser produzidos em diferentes tamanhos e composições químicas para captar toda a luz disponível.

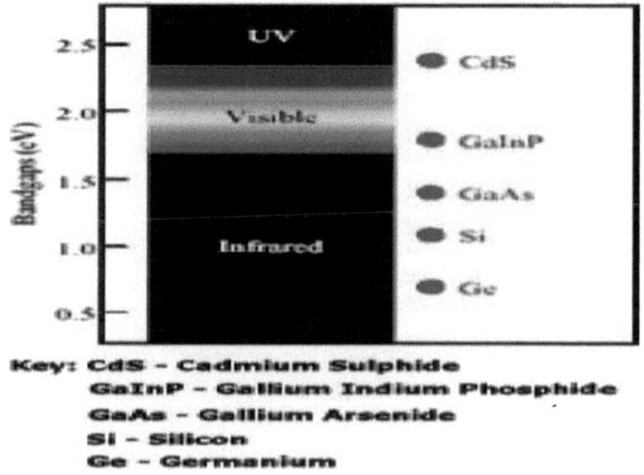

5.1.2. Mais barato

O silício utilizado nas células solares convencionais é o mesmo utilizado nos chips para computadores. Em consequência, a oferta excede a procura e continuará a fazê-lo nos próximos anos (o que a torna muito cara). As células solares podem tornar-se mais baratas utilizando menos silício ou novos materiais **[60, 61]**. As películas finas são uma forma de aplicar um revestimento funcional a um substrato barato. Isto poderia ser utilizado para revestir o exterior de edifícios ou paredes, transformando painéis de edifícios em grandes células solares.

As novas células solares utilizam outros materiais, como outros semicondutores, que são construídos de forma semelhante ao silício numa célula solar. No entanto, outros sistemas são modelados na natureza. A célula de Graetzel funciona segundo um princípio semelhante ao da fotossíntese nas plantas. Consiste num corante orgânico que está ligado a nanopartículas de dióxido de titânio. O corante absorve a luz e as nanopartículas de dióxido de titânio passam os electrões. Com uma eficiência de 10%, o desempenho não é tão bom como o do silício. No entanto, é mais barato e pode ser aplicado numa superfície flexível.

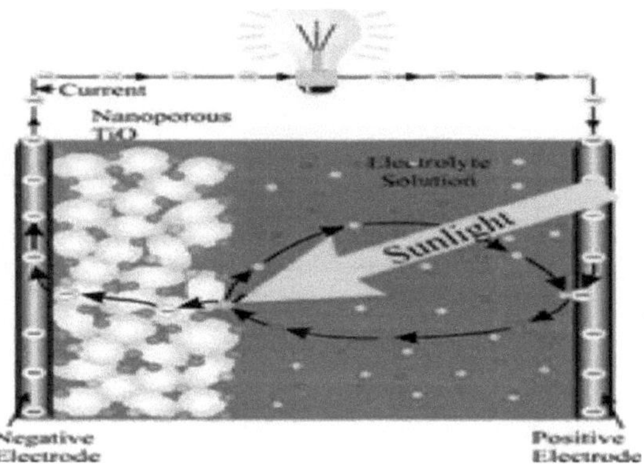

A célula solar de Graetzel utiliza um corante orgânico e nanopartículas de dióxido de titânio para captar a luz e transmitir eletricidade

5.2. Termoeletricidade

5.2.1. Maior desempenho - supercapacitores

Os condensadores armazenam energia sob a forma de uma carga eléctrica, ao contrário das pilhas, que armazenam energia quimicamente. Têm a vantagem de não perderem energia durante o armazenamento e de poderem fornecer energia e ser recarregados rapidamente. No entanto, têm reservas limitadas e só são adequados para curtos períodos de tempo. Os supercondensadores combinam as vantagens dos condensadores e das baterias recarregáveis, na medida em que podem armazenar grandes quantidades de energia **[62-67]**. São utilizados, por exemplo, em veículos híbridos (como o Prius mostrado à direita) para a "travagem regenerativa", que armazena a energia que normalmente se perderia sob a forma de calor durante a travagem. Esta energia armazenada pode depois ser utilizada pelo motor elétrico quando o veículo volta a andar.

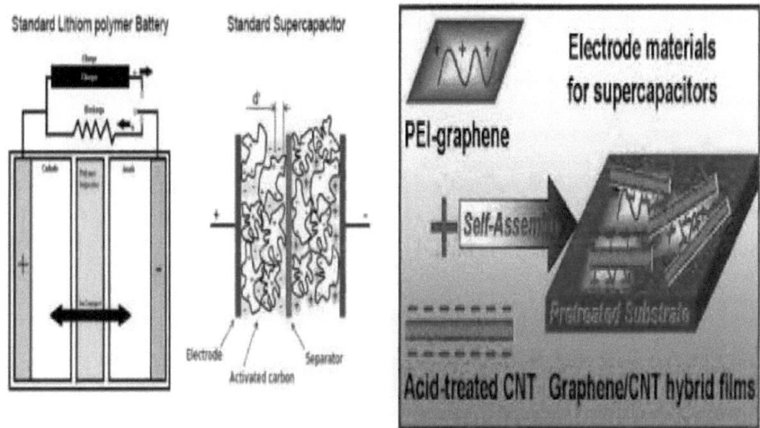

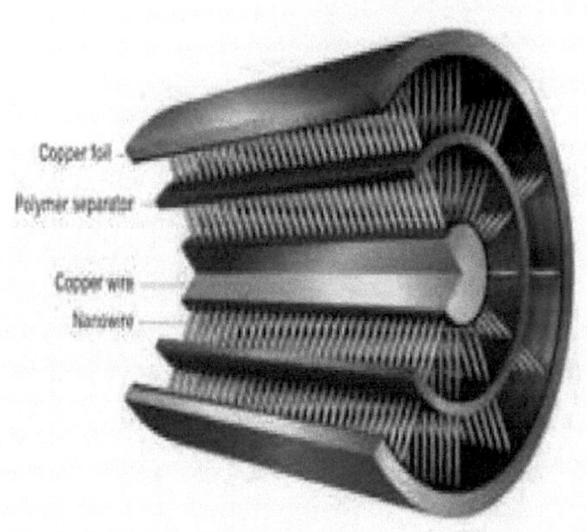

Por último, a nanotecnologia impulsionou o desenvolvimento de supercondensadores ao produzir novos tipos de nanomateriais com uma área de superfície maior. Estes materiais podem reter muito mais carga do que os materiais convencionais, aumentando muitas vezes a densidade energética e a potência.

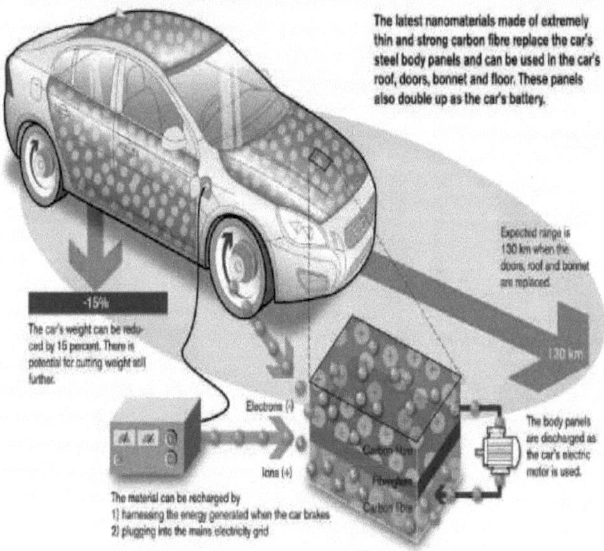

5.2.2. Novas aplicações

Os dispositivos termoeléctricos têm outras aplicações úteis para além da produção de energia **[68, 69]**. A primeira aplicação comercial de materiais termoeléctricos nanoestruturados é na indústria informática, para arrefecimento de microprocessadores. O mercado da gestão térmica na indústria eletrónica é enorme (cerca de 3,3 mil milhões de dólares e prevê-se que cresça cerca de 12 % por ano para 6 mil milhões de dólares em 2008). Até agora, os microprocessadores têm sido mantidos frios (dentro da sua temperatura de funcionamento) por ventoinhas mecânicas. No entanto, devido ao aumento do número e da densidade dos transístores nos chips de computador mais potentes, este objetivo dificilmente pode ser alcançado com ventoinhas.

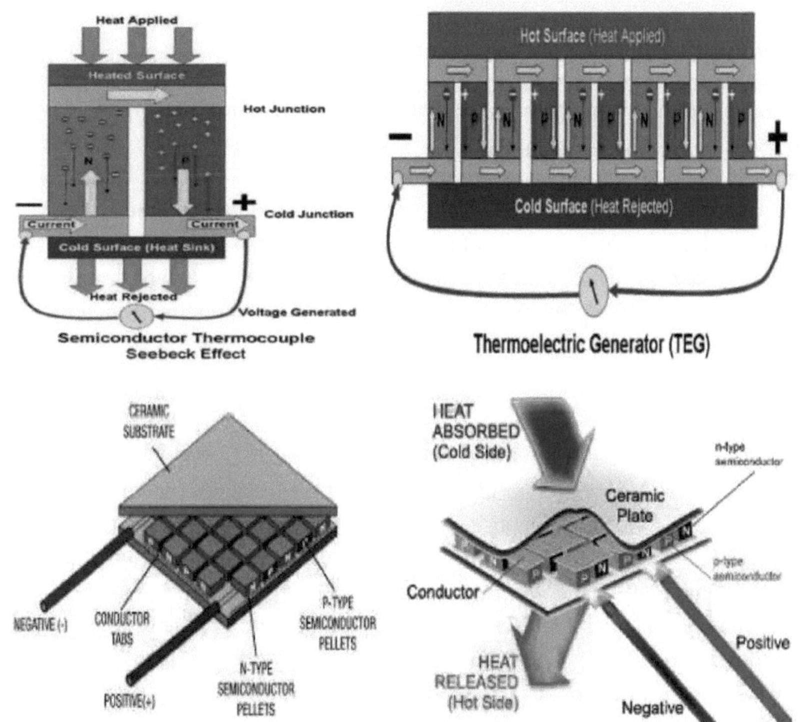

Os materiais termoeléctricos nanoestruturados, por outro lado, podem ser muito eficazes no arrefecimento desses chips, bastando aplicá-los como micropontos. Neste caso, um lado do microponto absorve o calor, que é depois emitido por termopares no outro lado.

5.3. Energia portátil

5.3.1. Pilhas recarregáveis

Os principais problemas das actuais pilhas recarregáveis são: a falta de potência, a velocidade a que as pilhas podem ser carregadas e descarregadas, a perda de carga ao longo do tempo (mesmo quando não estão a ser utilizadas) e o tempo de vida (número de vezes que uma pilha pode ser recarregada). A nanotecnologia pode fornecer soluções para cada um destes pontos. As mais recentes baterias de câmaras de vídeo da Sony, por exemplo, utilizam a nanotecnologia para prolongar a vida útil da bateria e reduzir o tempo de carregamento.

As pilhas recarregáveis mais potentes utilizam lítio. A energia total que uma pilha pode armazenar é proporcional à quantidade de lítio que contém. O lítio viaja sob a forma de iões de carga positiva entre os dois eléctrodos, deslocando-se para o ânodo (elétrodo negativo) quando uma pilha está a carregar e para o cátodo (elétrodo positivo) quando está a descarregar. É possível obter baterias de maior energia incorporando mais lítio, mas isto coloca uma pressão sobre os eléctrodos, que têm de lidar com um grande aumento de volume devido à migração do lítio durante os ciclos de carga e descarga (isto pode causar a rutura dos eléctrodos). É possível obter um melhor desempenho aumentando a velocidade a que os iões de lítio podem migrar entre os eléctrodos.

A utilização de nanomateriais tornou possível a produção de baterias com elevada energia e elevado desempenho. Os nanocompósitos de lítio e materiais de eléctrodos retêm o lítio em pequenas partículas que são facilmente quebradas durante o processo de descarga, e a porosidade dos eléctrodos permite que os iões saiam e entrem muito mais rapidamente. Estes nanocompósitos também ajudam a reduzir a auto-descarga (ou seja, a perda de energia durante o armazenamento). Os avanços nos electrólitos (que permitem a passagem dos iões de lítio entre os eléctrodos) também potenciam estes efeitos.

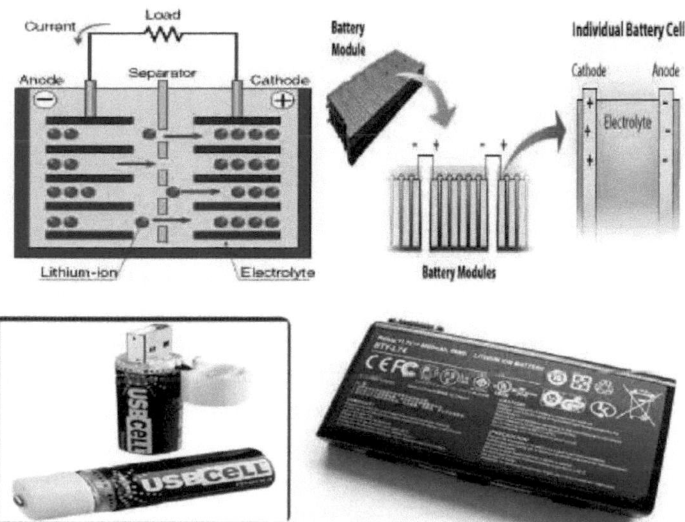

5.4 Isolamento

5.4.1 Aerogéis e nanoespumas

Os aerogéis são uma forma de isolamento baseada na nanotecnologia. São 2 a 8 vezes mais eficazes do que os materiais isolantes convencionais e, por conseguinte, permitem economias consideráveis de calor e de energia, beneficiando também o ambiente. A sua eficácia deve-se ao facto de serem constituídos por muito pouco material sólido; cerca de 96% do seu volume é ar. A maioria dos aerogéis é feita de silício ou de carbono.

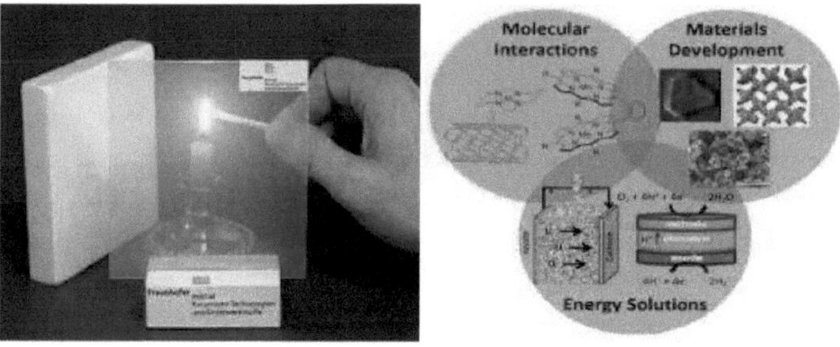

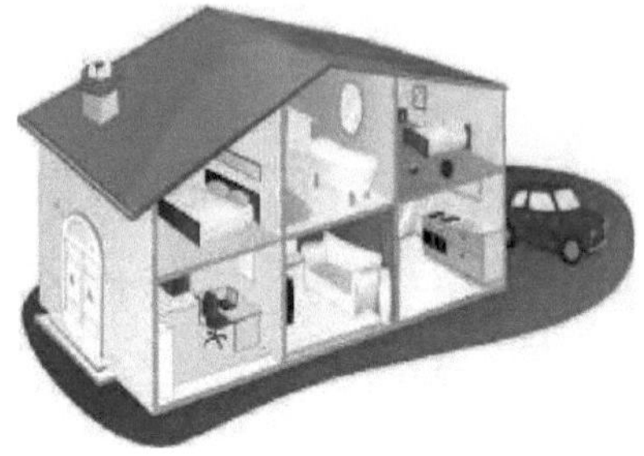

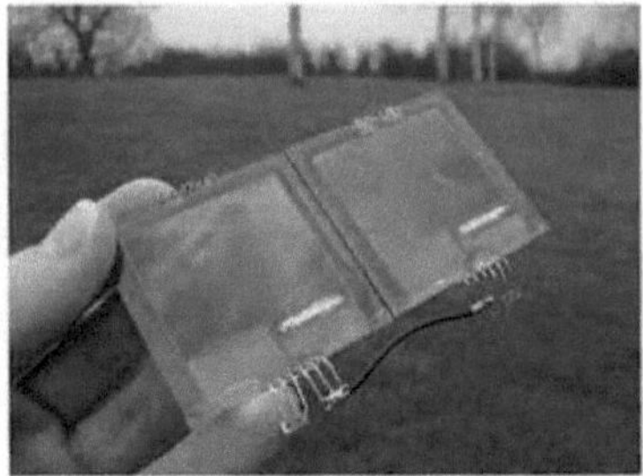

Os aerogéis têm uma variedade de usos e aplicações e devem ser considerados para mais do que apenas espaços residenciais. Podem proporcionar melhorias onde quer que sejam necessárias barreiras térmicas, contra o fogo e sonoras superiores e são normalmente mais pequenos e mais leves do que os métodos de isolamento tradicionais. Os aerogéis são atualmente utilizados em oleodutos, gás natural e navios militares, construção, botas e casacos, e muito mais.

5.3.2. Revestimento para vidros

A humanidade tem utilizado materiais naturais para o isolamento ao longo da sua história. Embora os materiais convencionais funcionem bem quando podem ser utilizados em grandes quantidades, como nas cavidades das paredes, não são adequados para aplicações como os envidraçados, onde se podem perder ou ganhar quantidades significativas de calor.

A nanotecnologia oferece um melhor isolamento, de modo a que revestimentos ou enchimentos mais finos impeçam a perda ou o ganho de calor, o que não seria possível com materiais convencionais.

O vidro autolimpante é abordado noutro ponto da árvore educativa da nanotecnologia, mas existem outras aplicações para os vidros ou estão em desenvolvimento. Graças aos avanços da nanotecnologia, as janelas "inteligentes" estarão em breve no mercado. Estas janelas são concebidas para reagir e adaptar-se ao seu ambiente. Um exemplo disso é um revestimento de vidro que bloqueia o calor excessivo, o que é particularmente benéfico nos meses quentes de verão, quando o custo do ar condicionado é muito elevado. Os vidros fumados que bloqueiam os raios solares existem há anos. No entanto, bloqueiam tanto a luz como o calor, o que está longe de ser o ideal. Atualmente, é possível aplicar nano-revestimentos finos de dióxido de vanádio misturado com apenas 1,90 % de tungsténio metálico nos vidros para atuar como reflectores de calor, permitindo simultaneamente a passagem de todos os raios visíveis.

A luz atravessa. A nano-espessura e a mistura do revestimento podem ser alteradas para determinar a temperatura exacta a que o calor é refletido. Isto significa que os escritórios e as casas podem manter-se frescos sem a utilização excessiva de sistemas de ar condicionado dispendiosos, reduzindo drasticamente os custos - tanto financeiros como ambientais.

5.5 Hidrogénio

5.5.1. Armazenamento

O hidrogénio tem o potencial de fornecer energia sem prejudicar o ambiente (se for produzido a partir de fontes renováveis, como a eletrólise da água). O hidrogénio é também o favorito para substituir os combustíveis fósseis líquidos para a propulsão de veículos. No entanto, o principal problema é transportá-lo e armazená-lo em segurança, de forma a fornecer a mesma quantidade de energia que os combustíveis actuais. Estima-se que um automóvel médio necessita de 1,20 kg de hidrogénio para percorrer 100 km (equivalente a cerca de 13 500 litros de hidrogénio gasoso). O armazenamento de hidrogénio na forma líquida em tanques pressurizados também não é prático, uma vez que a quantidade de energia por litro é baixa e são necessários sistemas de barreira melhorados para revestir os tanques e impedir a fuga do gás hidrogénio. No entanto, o transporte de hidrogénio sob a forma líquida é adequado para estações de serviço (seriam utilizadas as mesmas infra-estruturas que para a gasolina, o gasóleo e o GPL).

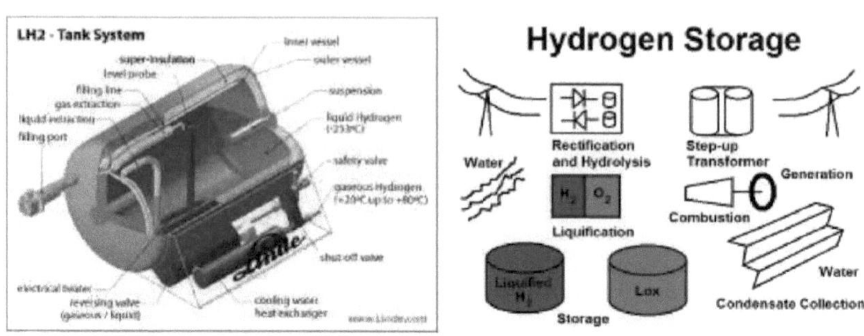

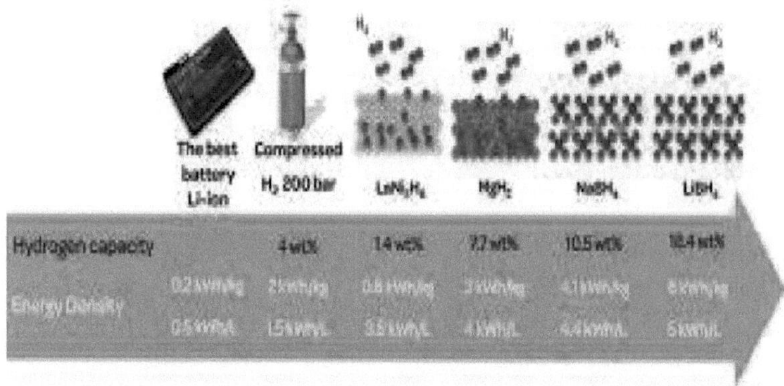

Para o armazenamento a bordo dos veículos, a única forma viável é fornecer hidrogénio sob a forma de um composto sólido, como um hidreto metálico. Muitos nanomateriais estão atualmente a ser testados e desenvolvidos para cumprir esta tarefa, incluindo nanotubos de carbono e estruturas metal-orgânicas (MOFs - ver imagem), que têm a maior área de superfície de qualquer material produzido (1,0 grama tem uma área de superfície equivalente à de um campo de futebol). Isto é importante porque uma maior área de superfície permite o armazenamento de uma maior quantidade de hidrogénio. Os problemas que ainda precisam de ser resolvidos são a melhoria da quantidade de hidrogénio que pode ser capturada e libertada do composto e a garantia de que isso acontece rapidamente (para dentro e para fora do composto de armazenamento nas estações de reabastecimento, quando exigido pela célula de combustível).

5.3.3. Utilização mais eficiente

A eficiência de uma célula de combustível de hidrogénio depende da formação eficiente dos iões carregados, que se movem seletivamente de um elétrodo para o outro, enquanto os electrões são forçados a passar pelo circuito externo.

Os eléctrodos podem ser melhorados através da utilização de materiais nanoestruturados que aumentam a área de superfície do elétrodo. Isto aumenta a velocidade a que o ião carregado se forma num elétrodo e o hidrogénio e o oxigénio se combinam para formar água no outro elétrodo.

Em alguns casos, as membranas e os electrólitos são combinados num único material, noutros casos formam uma "sanduíche" com uma membrana em ambos os lados do eletrólito. O controlo da porosidade e da funcionalidade química da membrana (através da utilização de compósitos de diferentes materiais) pode melhorar a transferência do ião carregado de um elétrodo para o outro, evitando o fluxo de electrões e a contaminação com outros reagentes ou produtos. O fabrico da membrana a partir de diferentes materiais pode permitir-lhe funcionar mais eficientemente a diferentes temperaturas ou prolongar o seu tempo de vida (isto é especialmente verdadeiro para as células de combustível de carbonato fundido que funcionam a altas temperaturas).

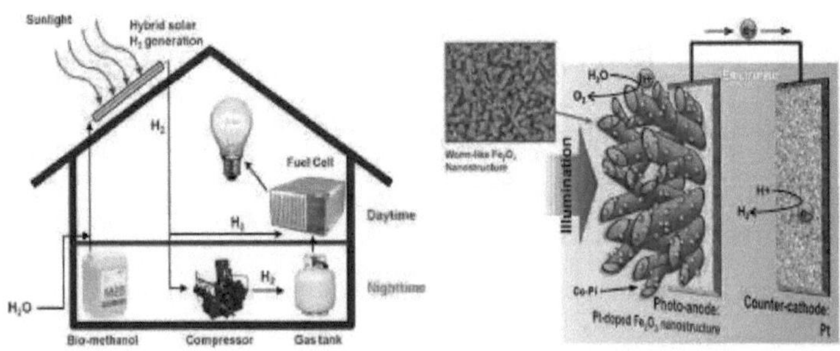

CAPÍTULO 6

Vida moderna

6.1. Transporte

A nanotecnologia conduz a veículos mais seguros, mais eficientes e mais duradouros. Isto trará muitos benefícios, nomeadamente para os consumidores e o ambiente. Além disso, a nanotecnologia pode agora tornar os automóveis resistentes a riscos com camadas finas, proporcionar uma melhor visibilidade com nanorrevestimentos para vidros ou melhorar a resistência ao impacto através da utilização de nanocompósitos em partes da carroçaria.

A eficiência dos veículos pode ser aumentada através de fontes de energia alternativas, como as células de combustível, os geradores termoeléctricos, etc. As emissões dos veículos podem ser reduzidas através de aditivos no combustível e de conversores catalíticos nanoestruturados.

6.1.1. Novos materiais

Os nanotubos de carbono (CNT) têm uma densidade cinco vezes inferior à do aço e são cerca de 30 vezes mais resistentes. Estas propriedades mecânicas tornam-nos candidatos ideais para o reforço de polímeros (por exemplo, nos para-choques dos automóveis). O controlo da estrutura à nanoescala de outros materiais pode também melhorá-los, aumentando a sua resistência e capacidade de lidar com a deformação. Por exemplo, estão a ser desenvolvidas espumas de alumínio com poros à escala nanométrica que oferecem uma resistência ao impacto muito superior à das folhas de alumínio convencionais. A redução do tamanho do grão dos metais e das cerâmicas aumenta a sua resistência e capacidade de moldagem.

Por exemplo, as nanocerâmicas são aplicadas como revestimentos na pintura de automóveis, oferecendo uma maior durabilidade. Entre as empresas que utilizam este tipo de revestimento estão a Mercedes Benz e a Nissan.

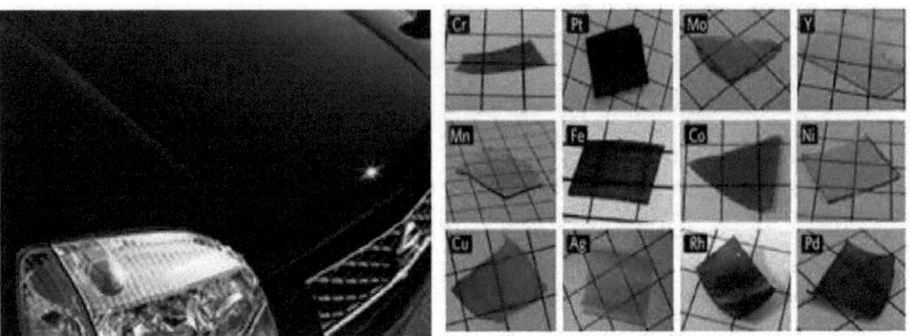

6.1.2. Poupança de combustível

A nanotecnologia oferece uma série de aplicações que podem tornar o transporte mais eficiente em termos de combustível. Um exemplo importante são as nanopartículas de óxido de cério da Oxonica. Sob a marca "Envirox", são utilizadas no gasóleo para aumentar significativamente a eficiência do combustível. A introdução das nanopartículas reduz os depósitos de combustível nos pistões e cilindros, o que aumenta a eficiência do combustível em cerca de 10% e reduz também as emissões em cerca de 15%.

Prevê-se que os geradores termoeléctricos sejam utilizados nos próximos 10 a 15 anos para utilizar o calor residual dos motores dos veículos e dos gases de escape. Estes poderão substituir o alternador e aumentar a potência em três a cinco cavalos, o que, por sua vez, aumenta a eficiência do combustível e reduz as emissões. Por último, a nanotecnologia permite a produção de materiais mais leves, como os plásticos reforçados, que podem ser utilizados em vez das tradicionais ligas mais pesadas nos componentes dos veículos. A redução do peso total do veículo pode aumentar significativamente a eficiência do combustível.

6.1.3. Emissões mais baixas

Os conversores catalíticos avançados são um exemplo de como a nanotecnologia oferece um grande potencial para reduzir as emissões nocivas. Atualmente, as impurezas do combustível, combinadas com reacções eficientes, produzem emissões nocivas como o dióxido de azoto e o monóxido de carbono. Os catalisadores de óxidos metálicos nanoestruturados podem potencialmente reduzir a quantidade destes poluentes, aumentando a eficiência da combustão e a decomposição destes gases em compostos menos nocivos, e a nanotecnologia está também a melhorar os filtros de partículas diesel. Os dispositivos nanocerâmicos recolhem as substâncias no escape e utilizam a alta temperatura para decompor as partículas em moléculas de gás.

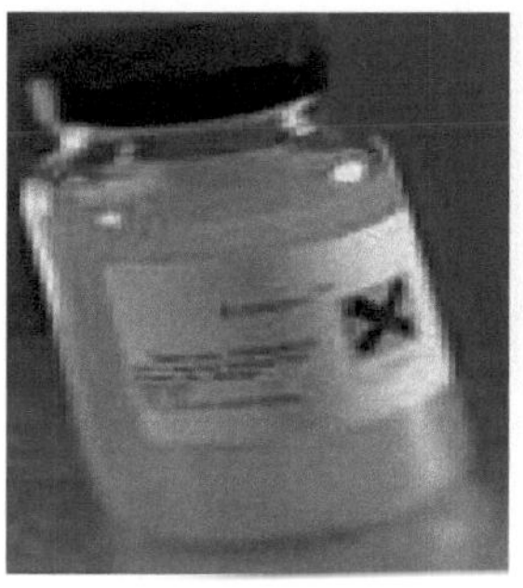

6.1.4. Aeroespacial

Os materiais mais leves e mais resistentes serão muito benéficos para os fabricantes de aeronaves e conduzirão a um melhor desempenho. As naves espaciais, onde o peso é um fator importante, também serão beneficiadas. A nanotecnologia ajudará a reduzir a dimensão do equipamento, reduzindo assim o consumo de combustível necessário para o colocar no ar.

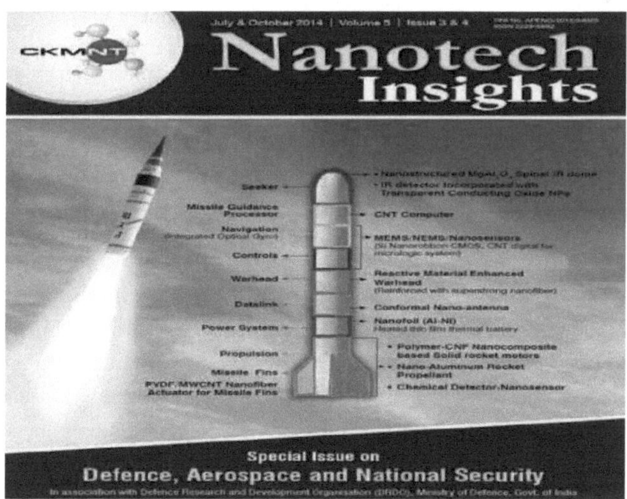

As asas delta poderão reduzir para metade o seu peso e aumentar simultaneamente a sua resistência e dureza através da utilização de materiais nanotecnológicos. A nanotecnologia reduz a massa dos supercapacitores, que são cada vez mais utilizados para alimentar os motores auxiliares que levam as asas delta das planícies para as alturas térmicas.

6.2. Produtos de construção

6.2.1. Sensores ambientais

Alguns sistemas de sensores para utilização na construção são semelhantes aos abordados na secção ambiental, mas estes sensores destinam-se mais a detetar cargas estruturais no edifício, desgaste, etc., e a alertar as pessoas para pontos fracos ou alterações no edifício. A utilização de sensores em edifícios pode também ser utilizada para monitorização ambiental ou mesmo para controlo da temperatura, podendo ser ligados ao sistema de aquecimento/ar condicionado para escolher uma regulação óptima com base nos dados recolhidos pelo sensor. Atualmente, a nanotecnologia também pode ajudar a adotar uma abordagem de todo o sistema, descrevendo em pormenor a "sensação" do edifício. Todos os dados dos sensores e da monitorização são transmitidos a um núcleo central a partir do qual a informação é transmitida e pode ser utilizada.

Os componentes electrónicos serão mais pequenos, mas igualmente potentes (ou mesmo mais potentes). Serão mais eficientes do ponto de vista energético e poderão mesmo conter pequenas células solares para se poderem abastecer de eletricidade. Isto permite que os sistemas não necessitem de manutenção e sejam duradouros.

6.2.2. Materiais avançados

Os materiais de construção são utilizados em muitas situações diferentes e, por conseguinte, têm de lidar com muitas condições ambientais diferentes, mas também cumprir a sua função principal de resistência e retenção. As propriedades dos materiais podem muitas vezes ser melhoradas através da sua combinação, por exemplo, o betão reforçado com aço é mais forte e mais resistente às tensões de deformação do que o betão isolado. No entanto, este betão armado está à mercê dos elementos. Ciclos repetidos de calor e frio, humidade e secura acabarão por fazer com que o betão se desfaça e exponha o aço, que será então corroído.

Os novos materiais compósitos baseados nos avanços da nanotecnologia podem resolver estes problemas. A adição de nanotubos e de nanopartículas cerâmicas a materiais como o betão e os polímeros pode aumentar a sua resiliência, melhorar a sua resistência às condições ambientais (como o calor e o frio extremos ou as condições corrosivas do sal ou a imersão em água) e aumentar a sua capacidade de suportar outras tensões, como colisões ou movimentos (por exemplo, terramotos), sem se desprenderem

ou rutura. Estas vantagens são alcançadas através de uma melhor ligação do material de base (por exemplo, betão ou polímero), o que conduz a uma nanoestruturação interna altamente ordenada do compósito. Isto elimina a necessidade de materiais de suporte pesados (por exemplo, aço) e elimina a possibilidade de enfraquecimento futuro devido à corrosão.

Os novos materiais compósitos podem também melhorar as propriedades de isolamento térmico dos materiais de construção (ver a secção "Isolamento" no capítulo "Energia") e melhorar a segurança contra incêndios. A este respeito, existe um grande interesse na utilização de nanomateriais em combinação com a madeira (que continua a ser um material de construção importante para a construção residencial).

Estes materiais não só são mais fortes e mais duradouros do que os materiais convencionais, como também são mais leves. Isto significa que a construção com estes componentes é mais rápida e não requer maquinaria de elevação pesada. Várias pontes em todo o mundo já foram reparadas ou reconstruídas com materiais compósitos baseados na microtecnologia. Espera-se que os avanços na nanotecnologia melhorem ainda mais as propriedades mecânicas desses compósitos.

6.3. Bens de consumo
6.3. 1.eletrónica

A nanotecnologia anuncia uma nova era na eletrónica de consumo. Funcionalidade melhorada, comunicação mais rápida e maior mobilidade serão as caraterísticas dos produtos electrónicos baseados na nanotecnologia. Consequentemente, veremos dispositivos electrónicos, como câmaras e leitores de MP3, com uma capacidade de armazenamento muito superior à que estamos habituados hoje em dia; a norma será terabytes em vez de gigabytes. E, finalmente, os ecrãs serão sofisticados e portáteis, com a capacidade de apresentar cores ilimitadas, ao mesmo tempo que serão leves e possivelmente até flexíveis.

OLED Display Screen (from Universal Display Corp)

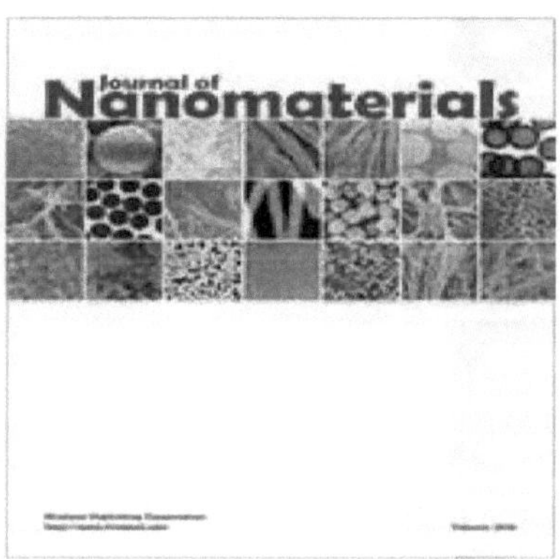

6.3.2 Cosméticos

Para a maioria dos consumidores, as aplicações mais óbvias da nanotecnologia são na indústria dos cosméticos. Novas formulações de vitaminas e produtos químicos anti-envelhecimento, como o retinol, foram embaladas em lipossomas e micelas sob a forma de cremes. Estes são constituídos por moléculas de ácidos gordos que não se dissolvem na água, mas que se agrupam em esferas nanométricas que podem conter a vitamina ou o produto químico anti-envelhecimento, quer na própria gordura, quer numa gota de água separada. A vantagem de utilizar estes cremes é que os lipossomas ou micelas são facilmente absorvidos pelas células da pele, aumentando a quantidade de ingrediente ativo onde este é necessário.

Do mesmo modo, as formulações de lipossomas e micelas estão agora a ser utilizadas para melhorar a qualidade nutricional dos alimentos embalados. As esferas que contêm gordura não fornecem vitaminas à pele, mas ajudam as vitaminas, os minerais e outros nutrientes (coletivamente conhecidos como produtos nutricionais) a serem absorvidos pelo sistema digestivo.

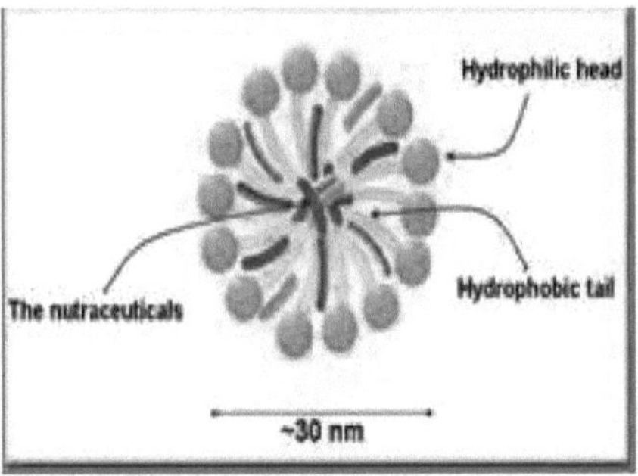

O diagrama mostra uma micela que contém "produtos nutricionais". Os grupos de cabeça hidrofílicos (ou que gostam de água) do ácido gordo estão expostos à água, enquanto os grupos de cauda hidrofóbicos (ou repelentes de água) permanecem juntos e no interior da micela. Outros cosméticos utilizam uma abordagem mais simples, por exemplo, os cremes solares. O óxido de zinco tem sido utilizado como protetor solar há várias décadas; no entanto, na sua formulação normal, é uma pasta branca (o que não é muito atraente!). Ao reduzir o tamanho das partículas de óxido de zinco à nanoescala, as propriedades ópticas são alteradas (são agora permeáveis à luz visível), mas as suas outras propriedades permanecem as mesmas (podem ainda absorver e bloquear a luz UV), resultando num produto eficaz e atrativo.

6.3.1. Vestuário

A nanotecnologia pode ser utilizada para melhorar os tecidos, tornando-os mais duráveis e resistentes à sujidade, à água, aos óleos e a outros produtos químicos. Muitos destes desenvolvimentos baseiam-se em processos da natureza. A folha de lótus, por exemplo, está coberta de "saliências" cerosas à escala nanométrica que garantem que a água se acumula e escorre facilmente (ver imagem à esquerda). Frutos como o pêssego estão cobertos de pêlos minúsculos que conseguem o mesmo efeito. Ao incorporar estas caraterísticas em materiais manufacturados, estes também podem tornar-se repelentes à água e à sujidade.

A nanotecnologia está também a levar à integração de outras funções no vestuário. Estas incluem eletrónica para regulação da temperatura e monitorização da saúde, materiais mais leves e resistentes a impactos e até propriedades de mudança de forma e de cor. Embora tenham sido inicialmente desenvolvidas pelos militares, podem também ser utilizadas pela polícia e pelos serviços de emergência, uma vez que permitem uma monitorização constante das funções vitais e uma melhor proteção do corpo, por exemplo. Por último, alguns dos trabalhos de investigação e desenvolvimento estão já a ser canalizados para produtos comerciais destinados ao cidadão comum, como o

Calças e vestuário auto-limpante com nanotecnologia hidrofóbica. Tecido ultra-suave e respirável que evita as nódoas de suor e de bebidas nas imagens.

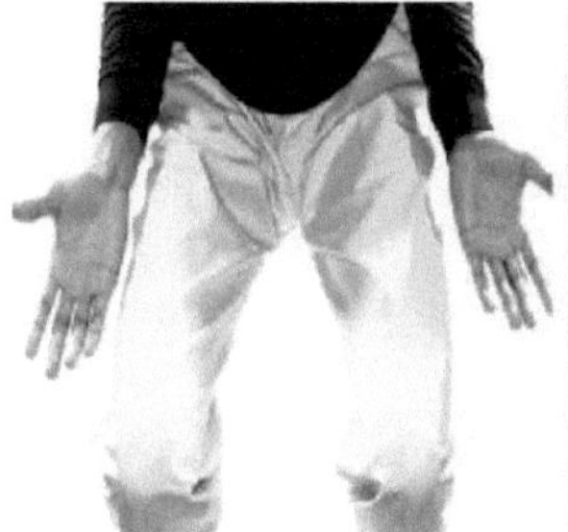
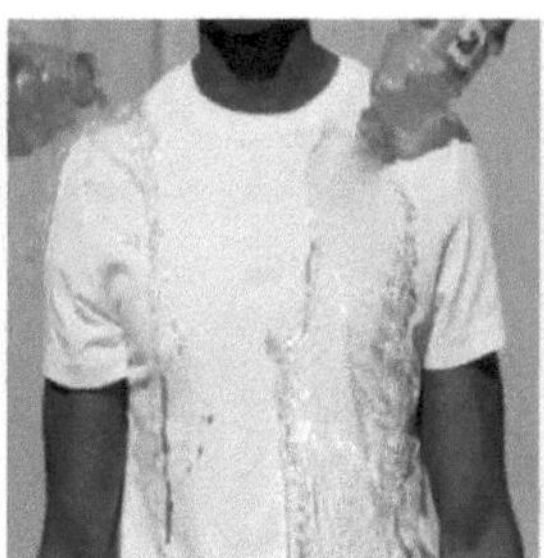

6.3.2. Equipamento desportivo

A nanotecnologia é utilizada em muitas áreas do desporto. O ténis e o golfe têm sido tradicionalmente dois dos principais desportos a utilizar as novas tecnologias, e a utilização da nanotecnologia veio confirmar ainda mais esta afirmação. No mundo do desporto de competição, mesmo alterações mínimas no equipamento podem fazer a diferença entre ganhar e perder.

Nos últimos anos, o fabricante de tacos de golfe Wilson tem investido fortemente em nanotecnologia, nomeadamente em revestimentos nanométricos. Os nanométricos têm uma estrutura cristalina e, embora sejam cem vezes mais pequenos do que os metais convencionais, são quatro vezes mais fortes. Atualmente, a nanotecnologia é utilizada em muitas áreas do desporto. O ténis e o golfe têm sido tradicionalmente dois dos principais desportos a utilizar novas tecnologias, e a utilização da nanotecnologia veio reforçar esta afirmação. No mundo do desporto de competição, mesmo alterações mínimas no equipamento podem fazer a diferença entre ganhar e perder.

CAPÍTULO 7

Nanoelectrónica

7.1. Introdução à nanoelectrónica

A nanoelectrónica é a capacidade de manipular a matéria a uma escala inferior a 100 nanómetros para criar estruturas com propriedades electrónicas úteis (1 nanómetro é a bilionésima parte do metro). A redução da dimensão dos dispositivos electrónicos tem conduzido historicamente a melhorias de custo e de desempenho. A redução da escala para o nível nanométrico resulta em novas propriedades materiais, muitas vezes melhoradas, devido a efeitos quânticos, fenómenos de interface e rácios superfície/volume muito elevados. Neste contexto, os novos materiais à escala nanométrica, como os nanotubos de carbono e o grafeno, têm propriedades que não existem a nível macroscópico. No entanto, os processos de fabrico top-down da indústria de semicondutores são apenas uma opção para a produção de componentes à nanoescala e serão demasiado dispendiosos para muitas aplicações. A formação de nanopartículas, a nanoimpressão, o processamento por via húmida e a auto-organização molecular são alguns dos outros processos que podem ser utilizados para produzir novos materiais e estruturas nanoelectrónicas.

Atualmente, muitos circuitos integrados convencionais têm uma estrutura com uma dimensão inferior a 100 nanómetros, mas a comercialização de componentes com propriedades inovadoras à escala nanométrica surgiu muito antes. Neste contexto, nos anos 90, foram desenvolvidas cabeças magnéticas ultra-sensíveis para armazenamento em discos rígidos. A comercialização posterior incluiu sensores que utilizam nanopartículas na zona ativa e células solares em que as nanopartículas podem separar a carga eletrónica induzida pela luz.

Duas caraterísticas importantes dos dispositivos à escala nanométrica são os benefícios resultantes de uma elevada relação superfície/volume (com implicações para a melhoria dos ultracapacitores e da eficiência energética e dos combustíveis) e a capacidade de minimizar a necessidade de uma grande quantidade de combustível.

catalisadores de células e eléctrodos de baterias) e a capacidade de dispersar nanopartículas em soluções para eletrónica impressa de baixo custo.

A nanoelectrónica terá impacto em quase todas as indústrias, uma vez que a própria eletrónica é omnipresente. Embora a tecnologia da informação e a eletrónica de consumo tenham sentido o impacto inicial através da melhoria da capacidade de armazenamento, os novos nanodispositivos estão a começar a ter impacto numa variedade de indústrias, incluindo a biomedicina, a energia e a iluminação.

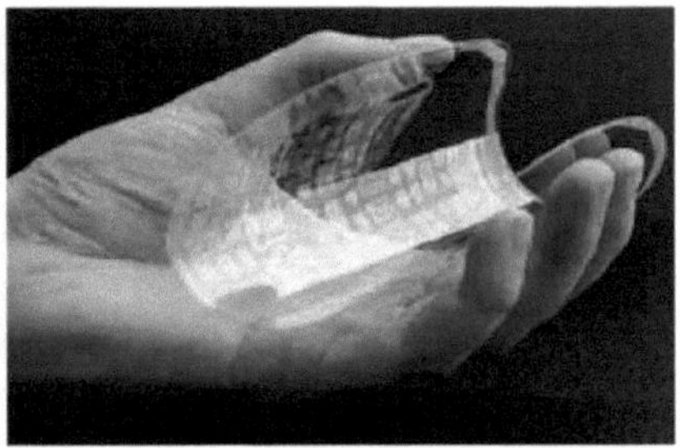

Novas células solares impressas poderão alterar radicalmente a economia desta forma de energia renovável; baterias melhoradas poderão alimentar os futuros veículos eléctricos híbridos; novos nanocristais poderão adaptar o desempenho dos LED brancos, reduzindo drasticamente o consumo de energia da iluminação. Os futuristas prevêem um mundo em que a nanotecnologia produz máquinas minúsculas que funcionam em paralelo para criar dispositivos micro e macro. Os conceitos de computação molecular e de ADN poderão permitir dispositivos de processamento e de memória para além dos limites atualmente imagináveis.

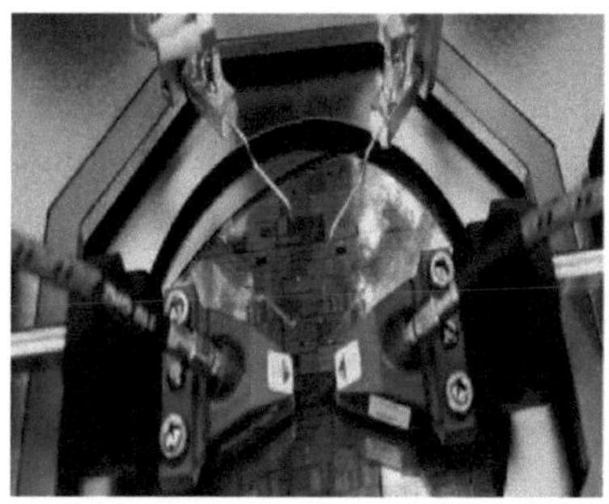

7.2. Computador

Os computadores e a indústria que os envolve darão mais um grande passo em frente com a aplicação da nanotecnologia. Os limites das tecnologias actuais são

serão alcançados rapidamente, à medida que as velocidades da memória e dos processadores atingem os seus actuais máximos teóricos. A nanotecnologia permite o desenvolvimento de novas ideias e métodos para processadores super-rápidos, armazenamento de dados e muitos outros avanços computacionais. Permite também novas aplicações que requerem maior capacidade de computação ou que precisam de ser mais pequenas ou menos consumidoras de energia.

O método atual de gravação (litografia) de componentes cada vez mais pequenos está a atingir os seus limites e deixará de ser capaz de alcançar a precisão necessária. Além disso, com estas dimensões, é mais provável que os componentes à base de silício falhem (ou não funcionem corretamente). É aqui que entram em ação a nanotecnologia e o conceito bottom-up.

7.2.1. Processadores mais rápidos

Devido às limitações da tecnologia atual, os fabricantes estão a voltar-se para a nanotecnologia para produzir a próxima geração de processadores e componentes informáticos. É necessária uma abordagem de baixo para cima, uma vez que as técnicas de gravação só vão até certo ponto - qualquer coisa inferior a 22 nm é simplesmente inviável. Os fabricantes de chips da indústria informática já estão a trabalhar à nanoescala. Muitas empresas estão atualmente na fase final de desenvolvimento de chipsets de processadores com uma dimensão de cerca de 60 nm. Com esta dimensão nanométrica, os chipsets também têm menos "fugas" e, por conseguinte, oferecem grandes poupanças de energia.

Os investigadores da IBM desenvolveram transístores feitos de nanotubos de carbono. Estes revelaram enormes melhorias em relação aos transístores de silício convencionais. Os nanotubos de carbono são fios longos e finos de moléculas de carbono. Em laboratório, forneceram mais do dobro da quantidade de corrente eléctrica em comparação com os transístores mais potentes atualmente disponíveis no mercado.

7.2.2. Novos tipos de memória

Cada vez mais, os dispositivos electrónicos modernos exigem memórias maiores. Vejamos, por exemplo, os bens de consumo como os telemóveis e os leitores de MP3. Quando estes ainda eram

Quando os primeiros aparelhos chegaram ao mercado, a capacidade de memória era reduzida e os modelos de topo tinham cerca de 512 MB de memória. Atualmente, porém, os consumidores exigem memória em gigabytes. Querem mais memória num espaço mais pequeno, mas não à custa do consumo de energia. Com a tecnologia atual, estas exigências são muito difíceis de satisfazer, mas a nanotecnologia oferece a solução. No entanto, é de notar que a maioria destas tecnologias ainda está em desenvolvimento e que, quanto mais pequenos forem os componentes, mais caro será o seu fabrico.

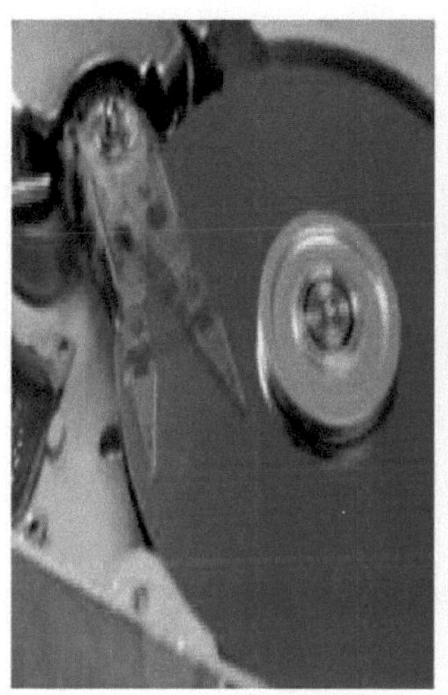

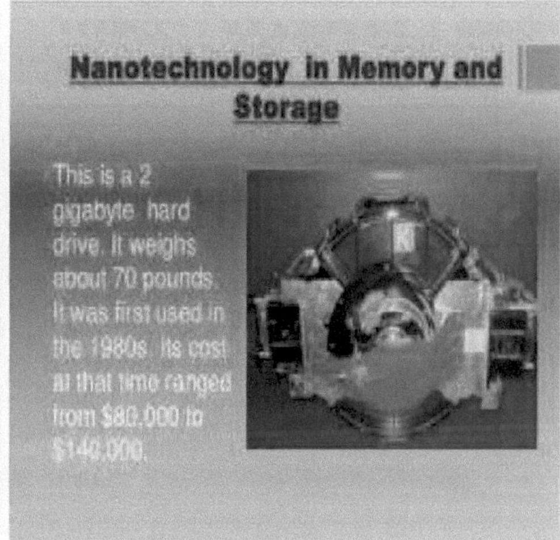

7.2.3. Computação quântica

A computação quântica é um domínio de investigação relacionado com o desenvolvimento de tecnologias informáticas baseadas nos princípios da teoria quântica, que explica a natureza e o comportamento da energia e da matéria ao nível quântico (atómico e subatómico). O desenvolvimento de um computador quântico representaria um enorme salto em frente na capacidade de computação e permitiria um enorme aumento do desempenho. A capacidade de processamento e as tarefas de computação associadas beneficiariam enormemente da capacidade do computador quântico de funcionar em múltiplos estados e processar todos os cálculos e permutações de dados em simultâneo.

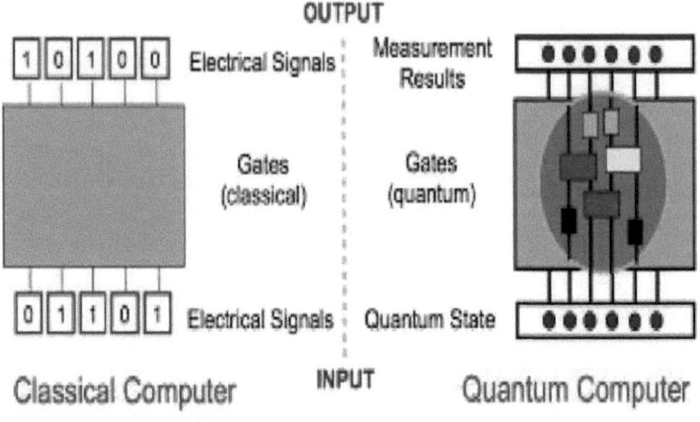

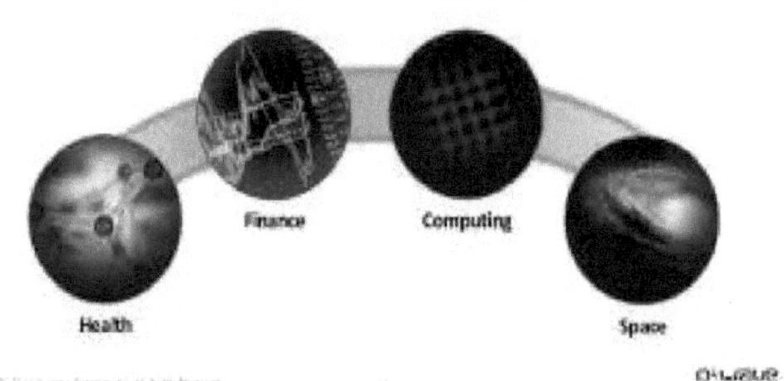

7.2.3.1 Aplicações possíveis

Devido ao seu enorme poder de computação paralela e à sua capacidade de resolver problemas complexos, os computadores quânticos encontrarão aplicações no domínio da criptografia - permitindo a transmissão segura de informações que só podem ser decifradas por alguém com um computador quântico igualmente poderoso. Serão também utilizados para computação intensiva em domínios como a astronomia e a física, bem como para simulações e modelização que poderão ser utilizadas para monitorização ambiental, precipitação nuclear e descoberta de petróleo, para citar apenas alguns exemplos. As capacidades de modelização permitidas pela computação quântica poderão também facilitar a compreensão dos fundamentos da própria matéria. Atualmente, os computadores simplesmente não têm capacidade de processamento, memória ou velocidade para efetuar cálculos e recolha de dados a esta escala.

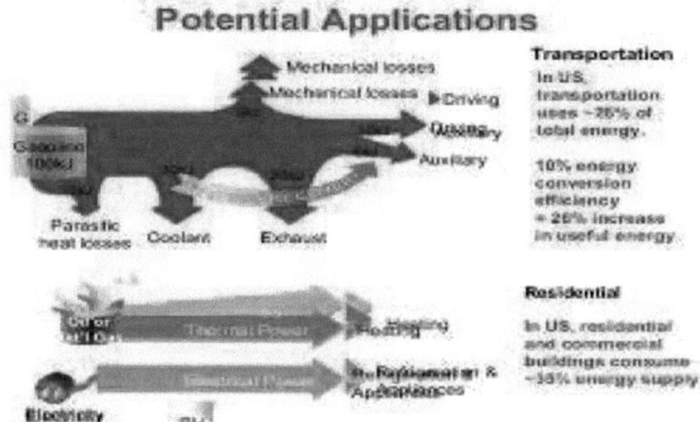

7.2.3.2 Avanços nas nanotecnologias

Os computadores quânticos funcionam de forma diferente dos sistemas convencionais porque podem processar mais do que os tradicionais bits de informação "0" e "1". De facto, os "qubits" - como são chamados - podem processar tudo o que está no meio, o que significa que podem ser efectuados novos tipos de cálculos e simulações. Um desses obstáculos é o facto de os qubits serem tão sensíveis que até as mais pequenas vibrações ou flutuações eléctricas podem fazer com que uma operação falhe.

7.2.3.3. Nanodot

A tecnologia dos nanodots é uma forma de armazenamento de informação que poderá ser utilizada no futuro. Atualmente, esta tecnologia pode ser utilizada para armazenar mais de cem vezes mais dados do que os actuais discos rígidos. Os nanodots são milhares de milhões de pequenos ímanes que podem mudar a sua polaridade para representar uma unidade binária de dados.

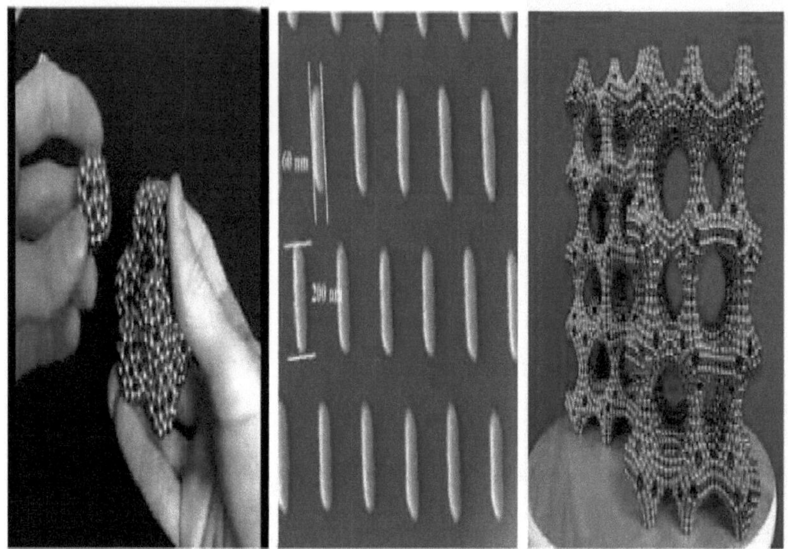

7.3 Optoelectrónica

A optoelectrónica diz respeito à investigação e aplicação de dispositivos electrónicos que geram, reconhecem e controlam a luz e é geralmente considerada um subcampo da fotónica. Neste contexto, a luz inclui frequentemente formas invisíveis de radiação, como os raios gama, os raios X, o ultravioleta e o infravermelho, para além da luz visível. Além disso, os dispositivos optoelectrónicos são transdutores elétrico-ópticos ou ótico-eléctricos ou instrumentos que utilizam esses dispositivos para o seu funcionamento.

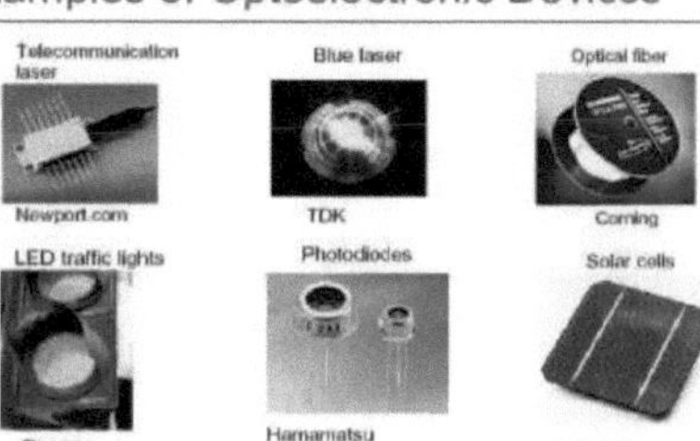

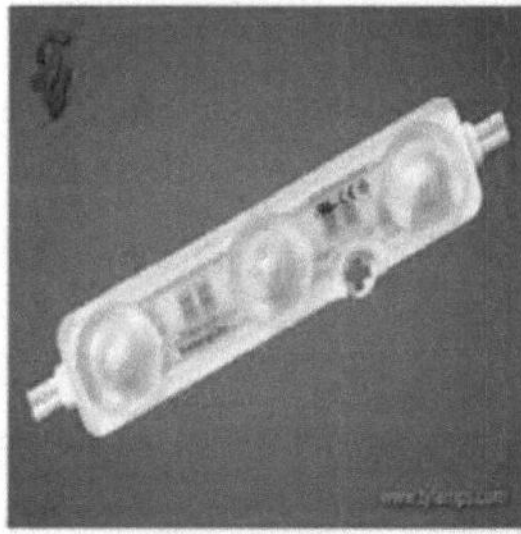

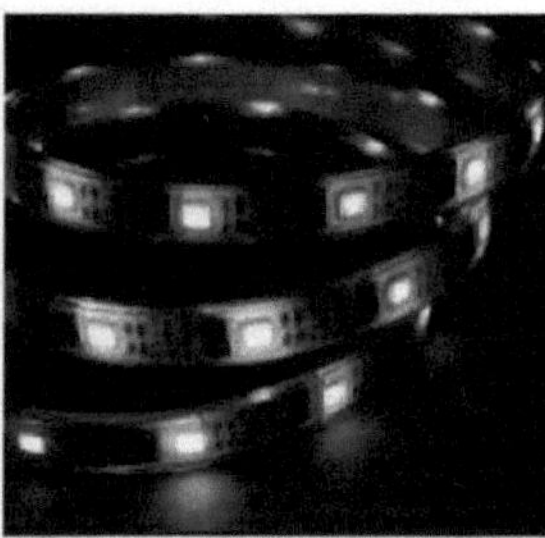

A electro-ótica é muitas vezes utilizada erradamente como sinónimo, mas na realidade é um ramo mais vasto da física que trata de todas as interações entre a luz e os campos eléctricos, independentemente de fazerem ou não parte de um dispositivo eletrónico.

- A optoelectrónica baseia-se nos efeitos mecânicos quânticos da luz sobre os materiais electrónicos, nomeadamente os semicondutores, por vezes na presença de campos eléctricos Por último, o efeito fotoelétrico ou fotovoltaico, que é utilizado em:
    - Fotodíodos (incluindo células solares)
    - Fototransistores
    - Multiplicador de fotografias
    - Circuitos ópticos integrados (COI)

As aplicações de fibras ópticas estão entre as mais importantes aplicações da optoelectrónica.

7.3.1. Fibra ótica

Uma fibra ótica é uma fibra flexível e transparente feita de vidro puro (dióxido de silício) que não é muito mais larga do que um cabelo humano. Actua como um guia de ondas ou "tubo de luz" para transmitir luz entre as duas extremidades da fibra·

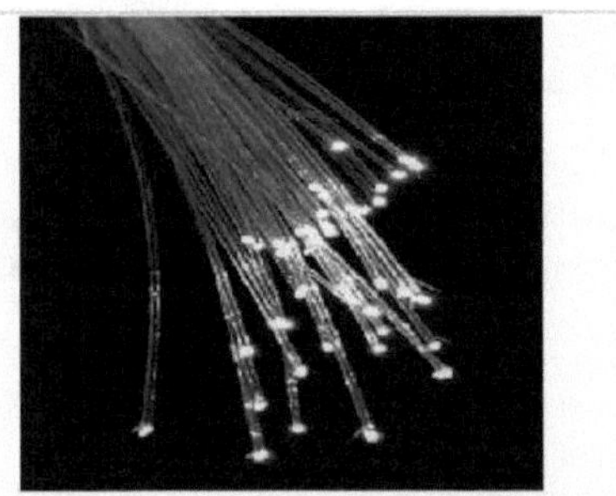

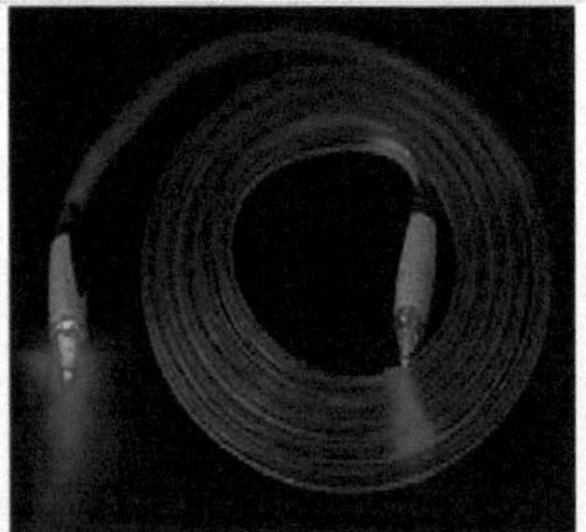

As fibras ópticas são amplamente utilizadas na comunicação por fibra ótica, que permite a transmissão a maiores distâncias e uma maior largura de banda (dados) do que outras formas de comunicação. Geralmente, as fibras ópticas são utilizadas em vez de fios metálicos porque os sinais são transmitidos com menos perdas e são também imunes a interferências electromagnéticas. As fibras também são utilizadas para iluminação e são enroladas em feixes para que possam ser utilizadas para transmitir imagens, permitindo a visualização em espaços confinados. As fibras especialmente concebidas são utilizadas para uma variedade de outras aplicações, incluindo sensores e lasers de fibra. Além disso, as fibras ópticas podem ser utilizadas como meio para telecomunicações e redes informáticas, uma vez que são flexíveis e podem ser agrupadas sob a forma de cabos. São particularmente vantajosas para a comunicação a longas distâncias, uma vez que a luz se propaga através da fibra com baixa atenuação em comparação com os cabos eléctricos. Isto significa que grandes distâncias podem ser percorridas com apenas alguns repetidores.

As fibras ópticas podem ser utilizadas de muitas formas diferentes na deteção remota. Em algumas aplicações, o próprio sensor é uma fibra ótica. Noutros casos, as fibras ópticas são utilizadas para ligar um sensor sem fibra ótica a um sistema de medição. Dependendo da aplicação, as fibras ópticas são utilizadas devido à sua pequena dimensão ou ao facto de não ser necessária energia eléctrica no local remoto, ou ainda porque muitos sensores podem ser multiplexados ao longo do comprimento de uma fibra ótica, utilizando diferentes comprimentos de onda de luz para cada sensor ou detectando o tempo de atraso à medida que a luz passa ao longo da fibra através de cada sensor.

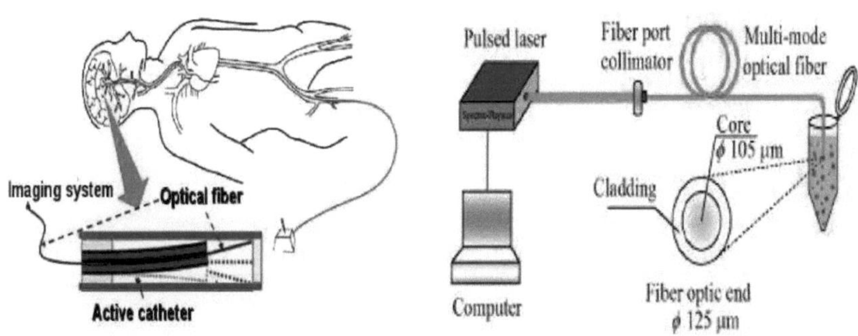

As fibras são amplamente utilizadas em aplicações de iluminação. São utilizadas como guias de luz na medicina e noutras aplicações em que a luz intensa tem de ser direcionada para um alvo sem uma linha de visão clara. Na espetroscopia, os feixes de fibras ópticas transmitem a luz de um espetrómetro para uma substância que não pode ser introduzida no próprio espetrómetro, a fim de analisar a sua composição. Um espetrómetro analisa

As fibras ópticas podem ser utilizadas para medir objectos, reflectindo a luz neles contida e fazendo-a passar através deles. Com a ajuda das fibras, um espetrómetro pode ser utilizado para examinar objectos à distância.

7.3.2 Díodos orgânicos emissores de luz

Um díodo orgânico emissor de luz (OLED) é um díodo emissor de luz (LED) em que a camada eletroluminescente emissora é uma película de compostos orgânicos que emite luz em resposta a uma corrente eléctrica. Esta camada de material semicondutor orgânico está localizada entre dois eléctrodos. Geralmente, pelo menos um destes eléctrodos é transparente. Por último, existem duas famílias principais de OLED: os baseados em pequenas moléculas e os que utilizam polímeros. A adição de iões móveis a um OLED cria uma célula eletroquímica emissora de luz (LEC), que tem um modo de funcionamento ligeiramente diferente. Os OLEDs são utilizados em ecrãs de televisão, monitores de computador, pequenos ecrãs portáteis como telemóveis e PDAs, relógios, publicidade, informação e ecrãs. Os OLED são também utilizados em elementos emissores de luz de grande superfície para iluminação geral.

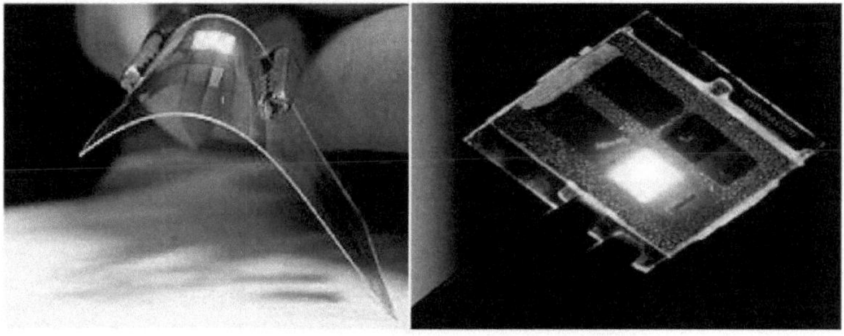

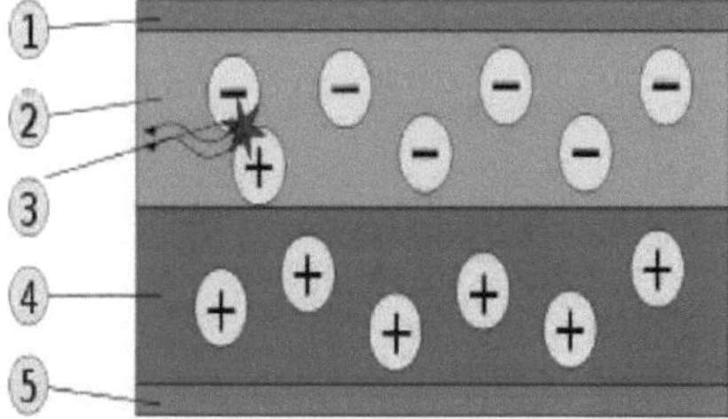

Diagrama de um OLED de duas camadas: 1. cátodo (-), 2. camada emissora, 3. emissão de radiação, 4. camada condutora, 5. ânodo (+).

Um OLED típico consiste numa camada de materiais orgânicos entre dois eléctrodos, o ânodo e o cátodo, que são depositados num substrato. As moléculas orgânicas são condutoras de eletricidade devido à deslocalização dos electrões pi causada pela conjugação de toda a molécula ou de parte da molécula.

7.3.3. Díodos emissores de luz de polímeros

Os díodos emissores de luz de polímeros (PLED), também conhecidos como polímeros emissores de luz (LEP), consistem num polímero condutor eletroluminescente que emite luz quando ligado a uma tensão externa. São utilizados como película fina para ecrãs a cores de espetro total. Os OLED de polímero são bastante eficientes e requerem apenas uma quantidade relativamente pequena de energia em relação à quantidade de luz produzida.

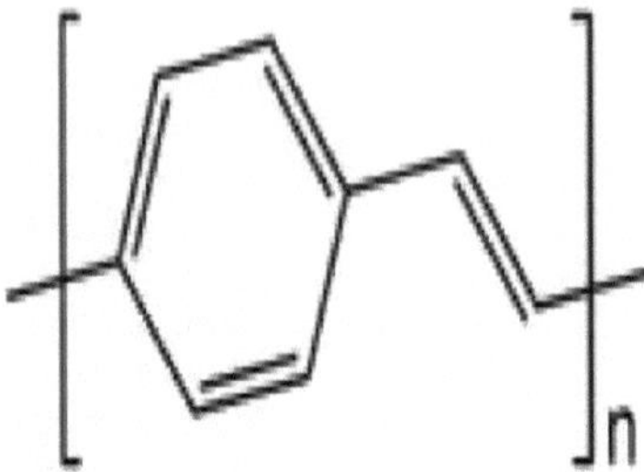

Poli(p-fenileno vinileno), utilizado no primeiro PLED.

7.3.3.1. LED branco

Recentemente, foram disponibilizados díodos emissores de luz (LED) brancos e brilhantes, tão brilhantes que competem seriamente com as lâmpadas incandescentes em aplicações de iluminação.

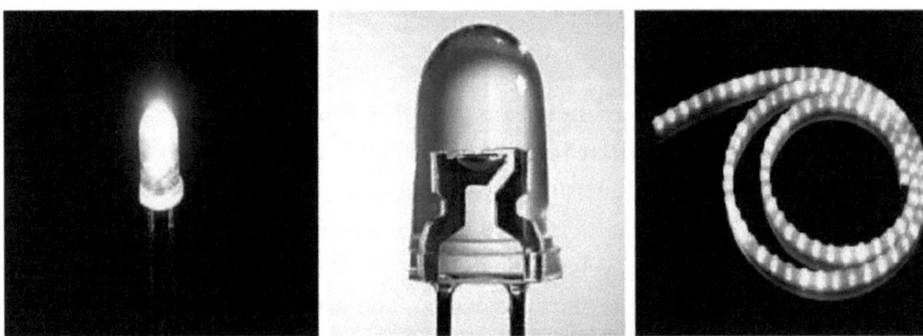

Os LEDs são dispositivos monocromáticos (de uma só cor). A cor é determinada pelo intervalo de banda do semicondutor de que são feitos. Os LEDs vermelhos, verdes, amarelos e azuis são relativamente comuns. A luz branca contém todas as cores e não pode ser produzida diretamente por um único LED. A forma mais comum de LED "branco" não é efetivamente branca. Trata-se de um LED azul de nitreto de gálio revestido com um fósforo que, quando excitado pela luz azul do LED, emite um amplo espetro que produz uma luz bastante branca para além da emissão azul. A luz atual tem uma tonalidade azul e é semelhante à cor de um candeeiro de rua de vapor de mercúrio. Na curva apresentada, o pico à esquerda é a luz azul do LED com o comprimento de onda mais curto. O pico à direita é a emissão de comprimento de onda mais longo do fósforo. Existem também LEDs "brancos", que são compostos por vários chips de LEDs de cores diferentes num único invólucro. Estes não são particularmente bem sucedidos, uma vez que tendem a mudar de cor consoante o ângulo de visão e o seu equilíbrio de cores não é muito bom, na melhor das hipóteses.

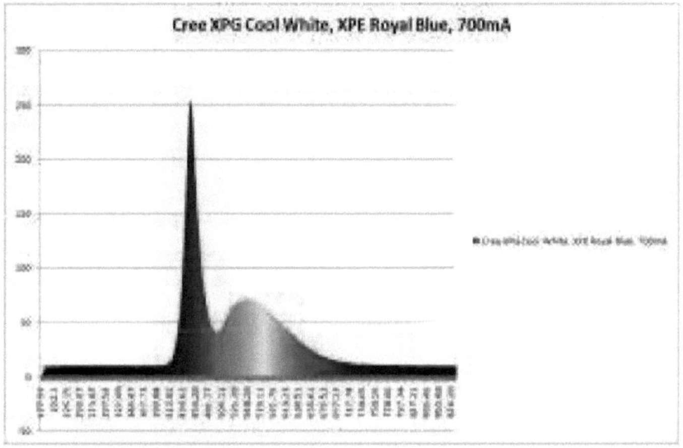

Afirma-se que estes LED brancos têm uma vida útil limitada. Após cerca de 1000 horas de funcionamento, tendem a amarelecer e a escurecer até um certo ponto. O funcionamento dos LEDs a uma corrente superior à sua corrente nominal irá certamente acelerar este processo.

7.4 Ultracapacitores

Tal como as baterias, os ultracapacitores são também dispositivos de armazenamento de energia. Utilizam electrólitos e configuram células de diferentes tamanhos em módulos para satisfazer os requisitos de potência, energia e tensão de uma vasta gama de aplicações. No entanto, as baterias armazenam cargas

quimicamente, enquanto os ultracapacitores a armazenam electrostaticamente. Os ultracapacitores são atualmente mais caros (por unidade de energia) do que as baterias.

Os ultracapacitores são verdadeiros condensadores porque a energia é armazenada por separação de cargas na interface elétrodo-eletrólito e podem suportar centenas de milhares de ciclos de carga/descarga sem se deteriorarem. Fornecem picos de energia rápidos.

7.4.1. Teoria do funcionamento dos ultracapacitores

Um ultracapacitor, também conhecido como capacitor de dupla camada, polariza uma solução electrolítica para armazenar energia electrostaticamente. Embora seja um dispositivo eletroquímico, não estão envolvidas reacções químicas no seu mecanismo de armazenamento de energia. Este mecanismo é altamente reversível e permite que o ultracapacitor seja carregado e descarregado centenas de milhares de vezes.

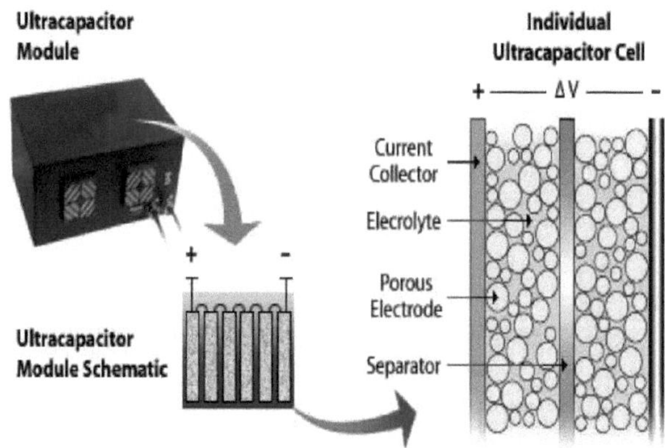

7.5. Célula de combustível

Uma célula de combustível é um dispositivo que converte a energia química de um combustível em eletricidade através de uma reação química com o oxigénio ou outro agente oxidante. O hidrogénio é o combustível mais utilizado, mas por vezes também são utilizados hidrocarbonetos, como o gás natural, e álcoois, como o metanol. As pilhas de combustível diferem das baterias na medida em que necessitam de uma fonte constante de combustível e oxigénio para funcionar, mas podem gerar eletricidade continuamente desde que esse fornecimento seja assegurado. As pilhas de combustível são utilizadas para o fornecimento de energia primária e de emergência a edifícios comerciais, industriais e residenciais e em áreas remotas ou inacessíveis. São utilizadas para alimentar veículos movidos a pilhas de combustível, tais como automóveis, autocarros, empilhadoras, aviões, barcos, motociclos e submarinos. Finalmente, existem muitos tipos de células de combustível, mas todas são compostas por um ânodo (lado negativo), um cátodo (lado positivo) e um eletrólito que permite a troca de cargas entre os dois lados da célula de combustível.

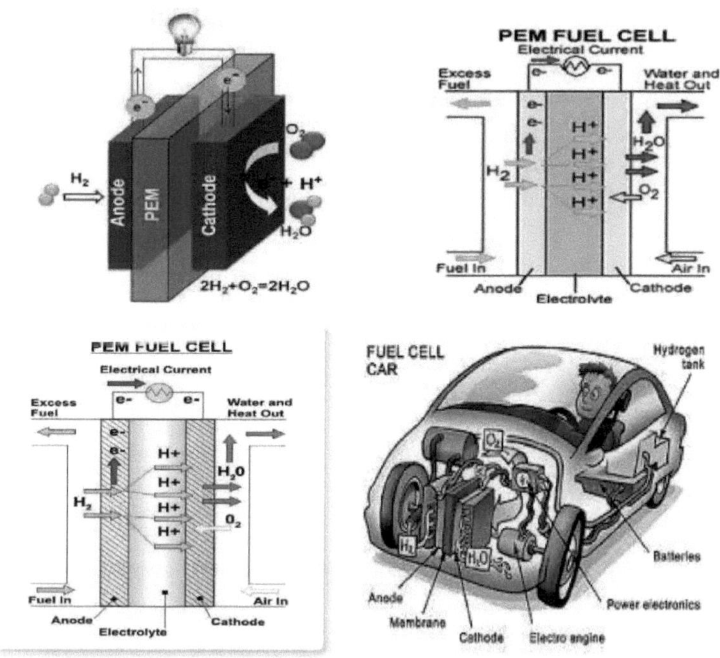

7.5.1 Células de combustível de membrana permutadora de protões

No arquétipo da célula de combustível de membrana permutadora de protões hidrogénio-oxigénio (PEMFC), uma membrana polimérica condutora de protões (o eletrólito) separa os lados do ânodo e do cátodo. No início dos anos 70, quando o mecanismo de permuta de protões ainda não era conhecido, era designada por "célula de combustível de eletrólito de polímero sólido" (SPEFC). (Note-se que "membrana de eletrólito polimérico" e "mecanismo de permuta de protões" são o mesmo acrónimo).

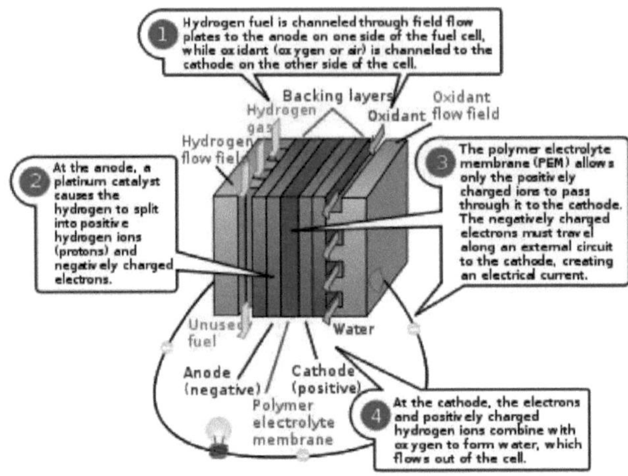

7.5.2 Veículo a pilhas de combustível

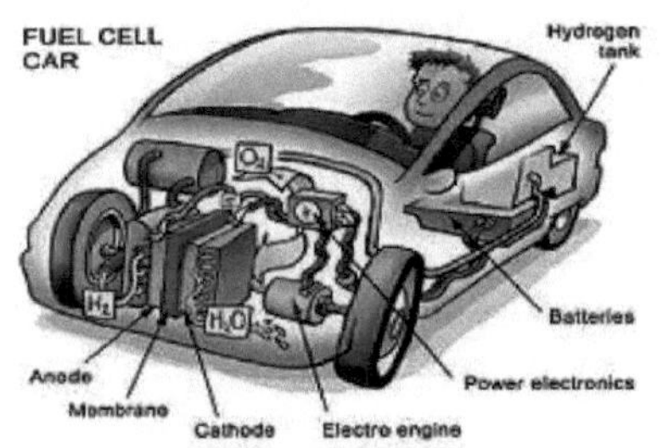

7.5.3 Célula de combustível única

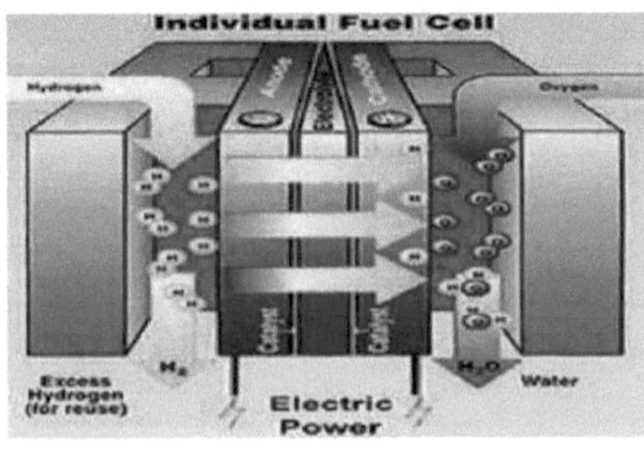

As pilhas de combustível funcionam quimicamente, reagindo entre si com os gases hidrogénio e oxigénio para produzir água, calor e uma carga eléctrica. O mecanismo de geração de energia varia entre as pilhas de combustível, mas em todos os casos um ião carregado (normalmente hidrogénio ou oxigénio) é gerado num elétrodo e viaja através de uma membrana seletivamente permeável para o outro elétrodo, enquanto os electrões gerados no processo viajam através de um circuito externo para alimentar aparelhos. As células de combustível também podem ser classificadas em dois grupos: as que têm uma temperatura de funcionamento elevada (acima de 200 °C), adequadas para alimentar edifícios inteiros (por exemplo, células de combustível de óxido sólido e de carbonato fundido), e as que têm temperaturas mais baixas, adequadas para alimentar veículos e dispositivos móveis (por exemplo, células de combustível de metanol direto e de membrana de permuta de polímeros). Os sistemas de alta temperatura podem utilizar o gás natural para produzir hidrogénio, enquanto os sistemas de baixa temperatura, com exceção das pilhas de combustível de metanol direto, necessitam eles próprios de hidrogénio gasoso. O hidrogénio é atualmente produzido em grande parte a partir do gás natural, mas espera-se que, no futuro, as energias renováveis possam ser utilizadas para fornecer a energia necessária para dividir (eletrolisar) a água em hidrogénio e oxigénio (ou seja, inverter a reação numa célula de combustível). Por último, a nanotecnologia pode fornecer soluções para os custos dos materiais, a eficiência das células de combustível e o armazenamento do hidrogénio como matéria-prima.

7.6. Célula solar sensibilizada por corante

Uma célula solar sensibilizada por corante é uma célula solar rentável que pertence ao grupo das células solares de película fina. Baseia-se num semicondutor que se forma entre um ânodo fotossensibilizado e um eletrólito, um sistema fotoelectroquímico. Uma versão posterior de uma célula solar fotossensibilizada, também conhecida como célula Grätzel, foi inventada em 1991 por Michael Grätzel e Brian O'Regan na École Poly-technique Fédérale de Lausanne. Pode

As células são transformadas em películas flexíveis e são mecanicamente robustas, pelo que não é necessária qualquer proteção contra pequenas ocorrências, como granizo ou quedas de árvores. Embora a sua eficiência de conversão seja inferior à das melhores células de película fina, a sua relação preço/desempenho deveria, teoricamente, ser suficientemente elevada para competir com a produção de eletricidade a partir de combustíveis fósseis.

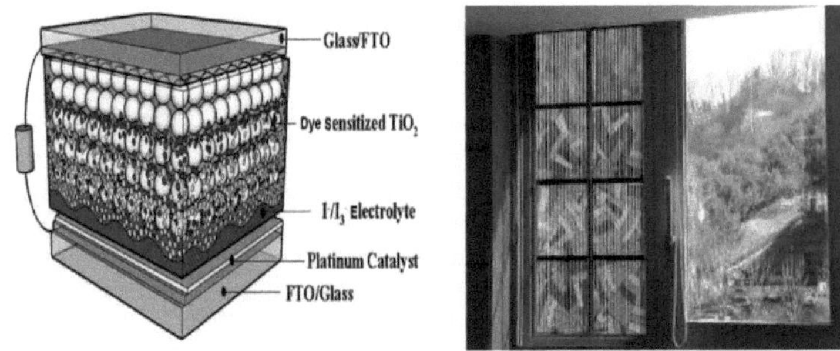

7.7 Eléctrodos de grafeno para células solares orgânicas

Uma abordagem promissora para a produção de células solares económicas, leves e flexíveis é a utilização de compostos orgânicos (ou seja, carbonados) em vez de silício caro e altamente purificado. Os materiais adequados para os eléctrodos devem corresponder à flexibilidade, transparência e baixo custo das células orgânicas.

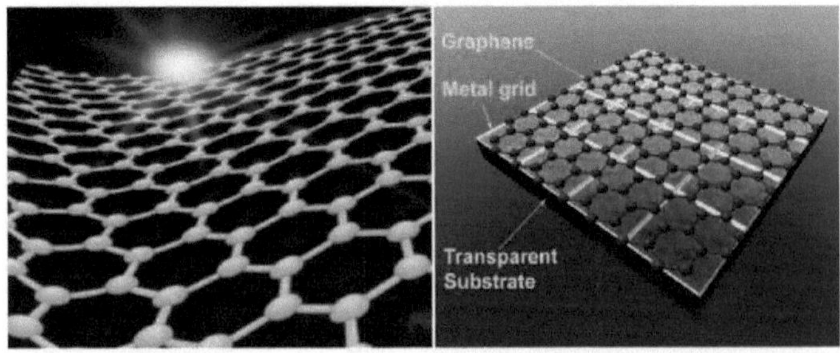

A estrutura do grafeno, um material flexível feito de átomos de carbono

dispostos numa camada com apenas um átomo de espessura, é mostrada neste diagrama. O material padrão utilizado até agora para estes eléctrodos é o óxido de índio e estanho, ou ITO. No entanto, como o índio é caro e relativamente raro, começou-se a procurar um material adequado.

Substituição. O material proposto é o grafeno, uma forma de carbono em que os átomos formam uma camada plana com apenas um átomo de espessura.

O grafeno é transparente, pelo que os eléctrodos feitos a partir dele podem ser aplicados às células solares orgânicas transparentes sem bloquear a luz incidente. É também flexível, tal como as próprias células solares orgânicas, pelo que pode fazer parte de instalações em que o painel tem de se adaptar aos contornos de uma estrutura, como um telhado com padrões. O ITO, por outro lado, é rígido e quebradiço.

A vantagem de um laser de pontos quânticos em relação a um laser de semicondutores convencional é que o seu comprimento de onda emitido depende do diâmetro do ponto. Os lasers de pontos quânticos são mais baratos e oferecem uma qualidade de feixe superior à dos díodos laser convencionais.

7.8. Progressos na eletrónica de plástico

Os avanços na nanotecnologia são acompanhados de aplicações para a eletrónica de plástico. Há uma lista crescente de exemplos que estão a ajudar a criar eletrónica baseada em novas formulações de materiais que estão a ser utilizadas numa vasta gama de aplicações, permitindo novos dispositivos e melhorias de desempenho, incluindo:

Lógica e memória híbridas:

Um estudo recente demonstrou que as nanopartículas de prata podem melhorar o desempenho dos transístores orgânicos.

Nanotubos de carbono em têxteis inteligentes:

Os nanotecnólogos desenvolveram tecidos condutores que podem resistir à lavagem, reduzir os custos e melhorar o desempenho.

Deteção de doenças e bactérias:

Foi desenvolvido um novo sistema de reconhecimento de doenças infecciosas baseado na nanotecnologia, capaz de distinguir entre diferentes estirpes de gripe em segundos.

Tecnologias para células solares:

As nanopartículas são utilizadas em novas tecnologias de células solares, como as células solares sensibilizadas por corantes (DSSC).

O grafeno nas células solares:

A utilização de grafeno como substituto do ITO através da "dopagem" do grafeno alterou o seu comportamento; a capacidade de o ligar firmemente também melhorou a condutividade eléctrica do material.

7.9. Componentes de nanotubos de carbono

Um nanotubo de carbono é um material tubular feito de carbono com um diâmetro na ordem dos nanómetros. Um nanómetro corresponde a um bilionésimo de metro ou a cerca de um décimo de milésimo da espessura de um cabelo humano. Os nanotubos de carbono têm muitas estruturas diferentes, que variam em termos de comprimento, espessura, tipo de helicoide e número de camadas. Embora sejam essencialmente constituídos pela mesma camada de grafite, as suas propriedades eléctricas diferem de acordo com estas variações e actuam como metais ou como semicondutores. Os nanotubos de carbono têm normalmente um diâmetro de <1 nm a 50 nm. O seu comprimento é geralmente de alguns micrómetros, mas os avanços recentes tornaram os nanotubos muito mais longos e são medidos em centímetros.

Os nanotubos de carbono, com as suas pequenas dimensões, resistência superior e estrutura eletrónica única, são materiais promissores para futuros dispositivos nanoelectrónicos. Para que os dispositivos de nanotubos passem do laboratório de investigação para o desenvolvimento, há ainda muito trabalho a fazer para compreender os princípios fundamentais de funcionamento e a ciência subjacente aos nanotubos de carbono.

Um dos actuais temas de investigação é a modelização de transístores de nanotubos de carbono. Embora os nanotubos tenham suscitado interesse para aplicações nanoelectrónicas, muito menos trabalho foi feito sobre nanotubos de carbono para aplicações optoelectrónicas, apesar de os nanotubos terem propriedades únicas para essas aplicações. Por último, os dispositivos de nanotubos podem ter uma ampla fotorreactividade espetral que abrange as regiões do infravermelho, do visível e do ultravioleta.

7.10. Bateria de iões de lítio

Uma bateria de iões de lítio (por vezes também bateria de iões de lítio ou LIB) é uma família de tipos de baterias recarregáveis em que os iões de lítio se deslocam do elétrodo negativo para o elétrodo negativo.

elétrodo positivo durante a descarga e vice-versa durante o carregamento. A química, o desempenho, o custo e as caraterísticas de segurança variam consoante os tipos de LIB. Ao contrário das baterias primárias de lítio (que são descartáveis), as células electroquímicas de iões de lítio utilizam um composto de lítio intercalado como material do elétrodo em vez de lítio metálico.

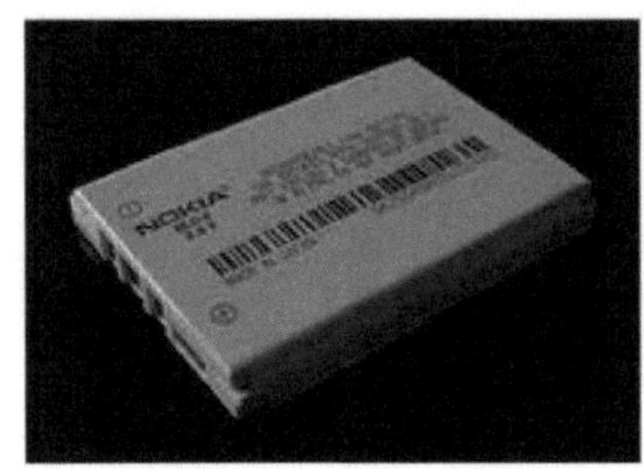

7.11. Telecomunicações

Hoje em dia, as pessoas trabalham cada vez mais em movimento, o que significa que levam consigo os seus computadores portáteis, telefones e outros dispositivos electrónicos para onde quer que vão. É necessário combinar todas estas funções num único dispositivo para que as pessoas possam comunicar com colegas e clientes e, ao mesmo tempo, ter acesso constante aos seus ficheiros, independentemente do local onde se encontrem. A nanotecnologia pode oferecer maior versatilidade através de uma transferência de dados mais rápida, maior capacidade de processamento móvel e maior capacidade de armazenamento de dados.

7.11.1 Telecomunicações e dispositivos portáteis

7.11.1.1 Transmissão mais rápida

A nanotecnologia pode ser utilizada para conseguir uma transmissão de dados mais rápida dentro e entre dispositivos. Uma das principais limitações à velocidade de transmissão é a utilização de fios e contactos eléctricos. A utilização de fibras ópticas revolucionou o sector das telecomunicações, aumentando a taxa de transmissão de dados entre centrais telefónicas. A fibra ótica

significa também que podem ser introduzidos novos serviços, como a Internet de banda larga. Acredita-se também que a optoelectrónica pode aumentar drasticamente as taxas de transferência de dados em dispositivos como os PCs, substituindo os fios de cobre. No futuro, por exemplo, poderá ser possível utilizar lasers baseados em pontos quânticos para transmitir informações entre componentes de dispositivos à velocidade da luz, sendo cada informação "codificada" por um comprimento de onda específico da luz.

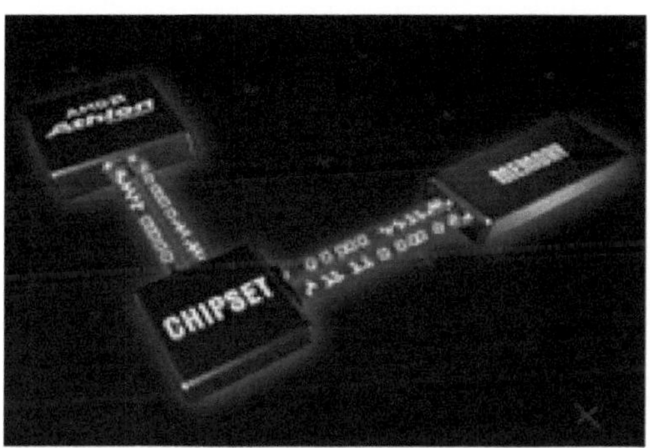

7.11.1.2. Mais dados

O problema da tecnologia atual é que estamos a aproximar-nos rapidamente dos seus limites teóricos. A tecnologia de memória flash, por exemplo, tem um limite máximo de tamanho. Existe também um limite de reescrita - entre 10.000 e 100.000 escritas - após o qual não é possível armazenar mais dados. A capacidade de armazenamento dos discos rígidos também é limitada, pelo que é necessário encontrar alternativas para satisfazer a procura cada vez maior das aplicações modernas que exigem muita memória. A MRAM (memória de acesso aleatório magnetorresistiva) é uma dessas alternativas que está a estabelecer-se firmemente no mercado. A memória de acesso aleatório (RAM) convencional pode ser acedida, lida e escrita muito rapidamente, razão pela qual é utilizada para o processamento de dados que um computador está a utilizar no momento. No entanto, o seu problema é que tem de ser constantemente alimentada, caso contrário perdem-se todos os dados, razão pela qual o trabalho é armazenado noutros dispositivos, normalmente discos rígidos. A MRAM tem a mesma velocidade de acesso que a RAM, mas não é tão volátil e não necessita de alimentação eléctrica constante. Também não tem o problema da memória flash, que tem uma capacidade de reescrita limitada. A MRAM tem sido chamada o

"Santo Graal" da memória, uma vez que estas caraterísticas nunca estiveram disponíveis num único chip.

7.12. Ótica

7.12.1 Nova iluminação

As lâmpadas incandescentes são extremamente ineficientes, uma vez que apenas convertem em luz cerca de 10% da eletricidade consumida (o resto perde-se sob a forma de calor). Embora as lâmpadas economizadoras de energia sejam mais eficientes, uma quantidade considerável de energia é também perdida sob a forma de calor.

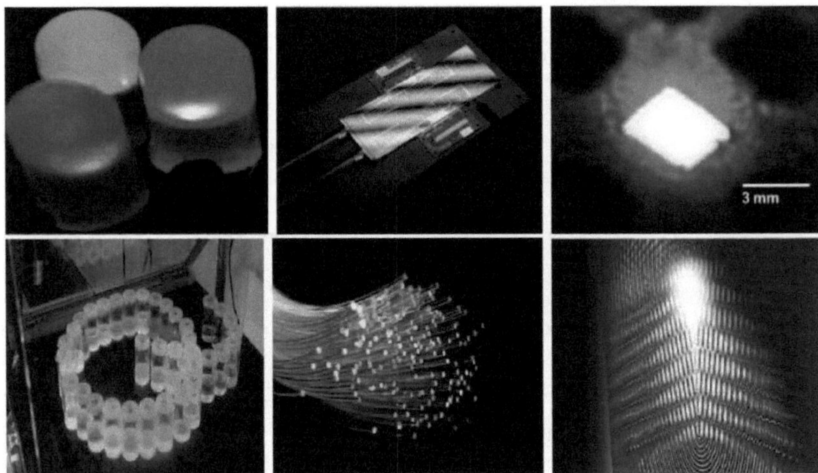

Os díodos emissores de luz (LED) perdem muito pouca energia sob a forma de calor e duram até 20 vezes mais do que as lâmpadas convencionais. Graças aos progressos realizados nos últimos anos na sua estrutura nanocristalina, emitem atualmente mais luz por watt consumido do que as lâmpadas e quase tanto como as lâmpadas fluorescentes. Ao utilizar diferentes materiais semicondutores, os LED podem brilhar em diferentes cores (é o efeito inverso das células solares, que absorvem diferentes espectros de luz).

7.12.2. Ótica Novos ecrãs

A nanotecnologia vai dar início a uma nova era dos ecrãs em vários aspectos. Os díodos orgânicos emissores de luz (ou OLED) são mais baratos e mais fáceis de produzir do que os LED. São constituídos por finas camadas de moléculas orgânicas condutoras de eletricidade com uma espessura de cerca de 100 nanómetros (nm). Têm a vantagem de poderem ser aplicados a diferentes materiais através de um processo semelhante ao da impressão a jato de tinta (como é o caso das células solares orgânicas sensibilizadas por corantes). A desvantagem é que

Os OLED têm um tempo de vida muito mais curto e são também muito menos eficientes do que os LED. A principal aplicação dos OLED é em pequenos ecrãs de vídeo (por exemplo, em telemóveis).

CAPÍTULO 8
Conclusão

Os nanomateriais - tanto nas formas não refinadas como nas formas avançadas e projectadas - são a chave para os futuros desenvolvimentos tecnológicos e revoluções industriais e, por conseguinte, para sociedades melhores e mais seguras. É sabido que as eras das civilizações antigas são classificadas de acordo com os seus materiais. Os diferentes períodos da história têm o nome dos materiais que os caracterizaram, por exemplo, a Idade da Pedra, a Idade do Bronze e a Idade do Ferro. A era atual é conhecida como a era dos nanomateriais. Na última década, a nanociência alcançou o estatuto de ciência de ponta com impacto fundamental e aplicado em todas as ciências físicas básicas, ciências da vida, ciências da terra, engenharia e ciências dos materiais. Várias inovações baseadas em dispositivos à nanoescala têm potencial para desempenhar um papel único e importante na melhoria da velocidade de transmissão de dados dos futuros sistemas de comunicação.

Referências

[1] . Drexler, K. Eric (1986). Engines of Creation: The Coming Era of Nanotechnology. Doubleday. ISBN 0-385-19973-2.

[2] . Drexler, K. Eric (1992). Nanosystems: Molecular Machinery, Manufacturing, and Computation (Nanosistemas: maquinaria molecular, fabrico e computação). Nova Iorque: John Wiley & Sons. ISBN0-471-57547-X.

[3] . Using nanotechnology to boost industrial and agricultural production", The Daily Star (Bangladesh), 17 de abril de 2012.

[4] . Saini, Rajiv; Saini, Santosh; Sharma, Sugandha (2010). "Nanotecnologia: A medicina do futuro". Journal of Cutaneous and Aesthetic Surgery **3** (1): 32-33. doi:10.4103/0974-2077.63301. PMC 2890134. PMID 20606992.

[5] . Buzea, C.; Pacheco, I. I.; Robbie, K. (2007). "Nanomateriais e nanopartículas: Sources and toxicity" (Fontes e toxicidade). Biointerphases **2** (4): MR17-MR71. doi:10.1116/1.2815690. PMID 20419892.

[6] . World Book Science (2009). Nanotecnologia 2007: uma revolução em pequena escala. Nanotecnologia 2007: uma revolução em pequena escala. World Book Publishing. Disponível em http://elibrary.bigchalk.com.

[7] . Encyclopædia Britannicananotecnologia. (2012). Em Encyclopædia Britannica. Recuperado de http://www.britannica.com/EBchecked/topic/962484/nanotecnologia.

[8] .. Bonsor, Kevin, e Jonathan Strickland. "Como funciona a nanotecnologia" 25 de outubro de 2007. HowStuffWorks.com.<http://science.howstuffworks.com/nanotecnologia.htm> 04 de março de 2012.

[9] . Boysen, E., e Nancy, M. C. (2012). Nanotechnology Timeline and Predictions, consultado no sítio Web For Dummies: http://www.dummies.com/how-to/content/nanotechnology-timeline-and-predictions.html Case Western Reserve University. (2010). Nanotechnology and Sports Retrieved 26 February 2012 from

[10]. Sítio Web da Case Western Reserve University: http://nanopedia.case.edu/NWPrint.php?page=nw.nanosports.

[11] . N. Malanowski, T. Heimer, W. Luther e M. Werner, "Growth Market Nanotechnology: An Analysis of Technology and Innovation", Engineering and Materials Science, Nanotechnology, Wiley, ISBN: 978-3-52761187527-61187-4, 294 páginas, janeiro de 2008.

[12] . A árvore do ensino das nanotecnologias, apoiada pelo nanotechobserver.com nanopinion.eu/pt/virtual-game/nanoeducation-tree.html

[13]. Allhoff, Fritz; Lin, Patrick; Moore, Daniel (2010). O que é a nanotecnologia e porque é importante: da ciência à ética. John Wiley and

Sons. pp. 3-5. ISBN 1-4051-7545-1.
[14] . Prasad, S. K. (2008), "Modern Concepts in Nanotechnology", Discovery Verlagshaus. pp. 31-32. ISBN 81-8356-296-5.
[15] . Kahn, Jennifer (2006). "Nanotecnologia", National Geographic 2006 (junho): 98-119.
[16] . Rodgers, P. (2006). "Nanoelectrónica: Ficheiro único". NatureNanotechnology. doi:10.1038/nnano.2006.5.
[17] . NNI, Sociedade e Segurança: http://www.nano.gov/html/society/home_society. html
[18] . Satterfield, T, Kandlikar, M, Beaudrie, C, Conti, J, e Harthorn, B, 2009, "Anticipating the perceived risk of nanotechnologies", Nature Nanotechnology, Vol 4, 752-758.
[19] . Pidgeon, NF, Harthorn, B, Bryant, K e Rogers-Hayden, T. 2009. "Deliberating the risks of nanotechnology for energy and health applications in the US and UK", Nature Nanotechnology, Vol 4, Feb, 9598.
[20] . Nature Nanotechnology, Editorial, novembro de 2009, p. 695.
[21] . Kahan, D. 2009: Nanotecnologia e sociedade: a evolução das percepções de risco. Vol 4, Nov, 705-706.
[22] . P. Corabian e D. Chojecki, "Exploratory Brief on Nanomedicine or the Application of Nanotechnology in Human Health care", Instituto de Economia da Saúde, Alberta, Canadá, 2012. www.thecis.ca/.../userfiles/Image/ Exploratory%20brief%20on%20nanom...
[23] . S.K. Sahoo, S. Parveen, e J.J. Panda, MS, "The present and future of nanotechnology in human health care", Nanomedicine: Nanotechnology, Biology and Medicine, Vol. 3, No. 1, pp. 20-31, março de 2007.
[24] . Kubik, T.; Bogunia-Kubik, K.; e Sugisaka, M., "Nanotechnology on Duty in Medical Applications", Current Pharmaceutical Biotechnology, Vol. 6, No. 1, pp. 17-33, fevereiro de 2005.
[25] . J. McCarroll, et al. "Potential applications of nanotechnology for the diagnosis and treatment of pancreatic cancer", Frontiers in Physiology, Vol. 5, 2014.
[26] . Mallanagouda Patil, "Future impact of nanotechnology on medicine and dentistry", J Indian Soc Periodontol, Vol. 12, No. 2, pp. 34-41, 2008.
[27] . AZoNano.com :O A a Z da nanotecnologia. Notícias sobre nanotecnologia: Dispositivo em miniatura pode tratar epilepsia e glaucoma. Disponível. http://azo- nano.com/news.asp? News ID=4670, Jan2009.
[28] S. Ganta, H. Devalapally, A. Shahiwala e M. Amij, "A review of stimuli-responsive nanocarriers for drug and gene delivery", Journal of Controlled Release, 2008.
[29] . S. Bamrungsap; et al, " Nanoparticles as a Drug Delivery System", NanoMedicine, vol. 7, no. 8, pp. 1253-1271, 2012.
[30] . Zhuo Zhang, S. Nagrath, "Microfluidics and cancer: are we there yet?", Biomed Microdevices, janeiro de 2013
[31] . M. De Kwaadsteniet, et al, "Application of Nanotechnology in

Antimicrobial Coatings in the Water Industry", *NANO, Vol.* 06, p. 395, 2011. DOI: v10.1142/S1793292011002779.
[32] . L. Rizzello; R. Cingolani; P. Paolo Pompa, "Nanotechnology tools for antibacterial materials", Nanomedicine, vol. 8, no. 5, pp. 807-821, 2013.
[33] . Nanotechnology Spotlights "Low-cost nanotechnology water filter", maio de 2014, **www.nanowerk.com/spotlight/spotid=35442.php**
[34] . C. Scott, "New Nanotech Purifier Filters Water 80,000 Times Faster," Inhibitat, inhabitat.com/new-nanotech-water-filter-purifies-water-in-a-Snap.
[35] . Y. Brazier, "Nanotechnology sunscreen filters out dangers", www.medical- newstoday.com/articles/304115.php.
[33] . Nanotechnology Spotlights "Low-cost nanotechnology water filter", maio de 2014, **www.nanowerk.com/spotlight/spotid=35442.php**
[34] . C. Scott, "New Nanotech Purifier Filters Water 80,000 Times Faster," Inhibitat, inhabitat.com/new-nanotech-water-filter-purifies-water-in-a-Snap.
[35] . Y. Brazier, "Nanotechnology sunscreen filters out dangers", www.medical- newstoday.com/articles/304115.php.
[36] . Paul G. Tratnyek e R. L. Johnson, "Nanotechnologies for environment cleanup", Nanotoday, Vol.1, No. 2, pp. 44-48, maio de 2006.
[37] . Joerg Lahan, "Environmental nanotechnology:Nanomaterials clean up", Nature Nanotechnology, Vol. 3, pp. 320 - 321, 2008. Publicado online: 30 de maio de 2008 | doi:10.1038/nnano.2008.143
[38] . Physics.org.2003-2016, Science X Network "Simple method of binding pollutants in water", 2014. phys.org ' Nanotecnologia ' Bio & Medicina.
[39] . K. Niedergall, M. Bach, T. Schiestel, e G. E.M. Tovar, "Membranas adsorventes compostas nanoestruturadas para a redução de substâncias vestigiais na água", o exemplo do bisfenol A. Industrial and Engineering Chemistry Research, 2013; 52 (39): 14011 DOI:10.1021/ie303264r.
[40] . J. Chem, "Binding of Pollutant Aromatics on Carbon Nanotubes and Graphite", Journal of Chemical Information and Modelling, **DOI:** 10.1021/ ci1000604@proofing.
[41] . B. Karns, T. Kuiken e M. Otto, "Nanotechnology and in Situ Remediation: A Review of the Benefits and Potential Risks", Environ Health Perspect; Vol. 117, No. 12, dezembro de 2009. DOI:10.1289/ehp.0900793.
[42] . Karn, Barbara; Todd Kuiken; Martha Otto (2009-12-01). "Nanotecnologia e Remediação In-Situ: Uma Revisão dos Benefícios e Riscos Potenciais". Environmental Health Perspectives **117** (12):1823-1831. doi:10.1289/ehp. ISSN 0091-6765. JSTOR 30249860. Acedido em 2013-11-18.
[43] . Antoni Sanchez, "Environmental Remediation with Nanoparticles", Centre for NanoBioSafety and Sustainability, 2014.www.cnbss.eu/index..L3..environmental-remediation-with-nanoparticles.
[44] . Lee et al, "Fabrication of Supercapacitor Electrodes Using Fluorinated

Single-Walled Carbon Nanotubes", American Chemical Society, Vol. 103, maio de 2003.
[45] . I. K. Malsch, "Nanotechnology helps solve the world's energy problems", Nanotechnology Now, www.nanotech-now.com ' Introdução ' Artigo ' Ineke Malsch.
[46] . M. Miranda, D. Kilh; A. Hull, C. Paul, e M. Galeano, "Changes in Blood Lead Levels Associated with Use of Chloramines in Water Treatment Systems". Environmental Health Perspectives, Vol. 115, No. 2, pp. 221-225, 2006. 115 (2): 221-225. doi:10.1289/ehp.9432. PMC1817676 PMC1817676. PMID 17384768.
[47] . I. Ivan Pacheco Blandino e K. e Kevin Robbie, "Nanomaterials and nanoparticles: sources and toxicity", Biointerphases, vol. 2, no. 4, pp. MR17 - MR172, 2007.
[48] . L. Harding, W.P. King, X Dai e M. Reading," Nanoscale Characterisation and Imaging of Partially Amorphous Materials using Local Thermomechanical Analysis and Heated Tip AFM", Pharmaceutical Research, Vol. 24, No.11, pp. 2048-2954, Nov. 2007.
[49] . Allhoff, Fritz; Lin, Patrick; Moore, Daniel, "What is nanotechnology and why does it matter?: from science to ethics", John Wiley and Sons. pp. 3- 5, 2010, ISBN 1-4051-7545-1.
[50] . S. Prasad, "Modern Concepts in Nanotechnology", Discovery Publishing House. pp. 31-32, 2008. 31-32, 2008. ISBN 81-8356-296-5.
[51] . K. Jennifer , "Nanotechnology", National Geographic pp. 98-119, 2006.
[52] . S. Das, A.j.Gates, G. Rose, C. Picconatto, e J.C. Ellenbogen, "Designs for Ultra-Tiny, Special-Purpose Nanoelectronic Circuits", IEEE Trans. on Circuits and Systems, Vol. 54, No. 11, pp. 2528-2540, 2007. doi :101109/ TCSI.2007.907864.
[53] . S. Mashaghi, Y. Jadidi, e G. Koenderink, "Lipid nanotechnology," Intr. Journal Mol. Sci, vol. 14, pp. 234-254, 2013.
[54] . Nano Werk, "Nanotechnology in Energy", 2013. www.nanowerk.com /nanotechnology-in-energy.php.
[55] . ndJ. García-Martínez e Zhong Lin Wang, "Nanotechnology for the Energy Challenge", 2.ª edição, Wiley, 664 páginas, junho de 2013, ISBN: 978-3-527-33380-6.
[56] . P. Siril, "Nanotechnology and its application in renewable energy", Workshop on *Nanotechnologies* for Thermal and Solar *Energy*.Conversion and Storage, August 10 2012.http://www.solarwall.de/assets/images/.Walmart_ SW.jpg..
[57] . M.A. Shah, "Nanotechnology Applications for Improvements in Energy Efficiency", Technology and Engineering, 2014. https://books.google. com.eg/books?isbn=1466663057.
[58] . Z.L. Wang, et al, "Nano Energy," Elsevier, www.elsevier.com/locate/ Nanoe.
[59] . Sakkmesterke, "Nanotechnology and Energy", Vol. 34, No. 12, 2014

https://www.timelineimages.com/.../nanotechnology-energy.

[60] . M.Malchay, "Nanotechnology breakthrough promises cheaper, more efficient solar cells", Gizmag, 2009. www.gizmzg.com/ nanopillar.a.cheap-solar-cells/12217/.

[61] E. Mack, "New nano-dots could mean cheap, paint-on solar cells", C.Net., *2014.* futureforall.org/nanotechnology/nanotechnology.htm.

[62] . D. Pech, et al, " Ultrahigh-power micrometer-sized supercapacitors based on onion-like carbon", Nature Nanotechnology, Vol. 5, pp. 651-654, 2010. doi:10.1038/nnano.2010.162.

[63] . J. Miller e Simon, "Electrochemical capacitors for energy management", Science, Vol. 321, pp. 651-652, 2008.

[64] . B. Conway, "Electrochemical Supercapacitors: Scientific Fundamentals and Technological Applications", Kluwer, 1999.

[65] . R. Kötz e M. Carlen, "Principles and applications of electrochemical capacitors", Electrochim. Ata, Vol. 45, pp. 2483-2498, 2000.

[66] . A. Burke, "A. Considerações de I&D para o desempenho e aplicação de condensadores electroquímicos", Electrochim. Ata, Vol. 53, pp. 1083-1091, 2007.

[67] . P. Simon e Y. Gogotsi, "Materials for electrochemical capacitors", Nature Mater, Vol. 7, pp. 845-854, 2008.

[68] . F. J. Disalvo, "Thermoelectric Cooling and Power Generation", Science, Vol. 285, No. 5428, pp. 703-706, 2009.doi:10.1126/science.285.5428.703.

[69] . D.M. Rowe, "Thermoelectrics Handbook: Macro to Nano". CRC Press. 2010. ISBN 9781420038903.

[70] . Dario Borghino, "Nanodot-based smartphone battery that recharges in 30 seconds", Gizmag, 7 de abril de 2014. www.gizmag.com/nanodot-smartphone- battery-30...recharge/31467/.

[71] . R. Noorden," The rechargeable revolution: A better battery", Nature, Vol. 507, No. 7490, 05 de março de 2014. www.nature.com/.../the-rechargeable-revolution-a-better-battery-1.1481.

[72] . M. A. Worsley, et al, "Stiff and electrically conductive composites of carbon nanotube aerogels and polymers", Journal Materials. Chem, Vol. 19, pp. 3370-3372, 2009, DOI: 10.1039/B905735H (comunicação)

[73] . P. Kim, L. Shi, A. Majumdar e P. L. McEuen, Physical Review Letters, Vol. 87, pp. 123-143, 2001.

[74] . H. J. Qi, M. C. Boyce, W. I. Milne, J. Robertson e K. K. Gleason. Gleason, Journal of the Mechanics and Physics of Solids, Vol. 51, 2003.

[75] . M. R. Falvo, G. J. Clary, R. M. Taylor, V. Chi, F. P. Brooks, S. Washburn e R. Superfine, Nature, Vol. 389, p. 582, 1997.

[76] . M. B. Bryning, M. F. Islam, J. M. Kikkawa e A. G. Yodh, Advanced Materials, Vol. 17, p. 1186, 2005.

[77] . J. Chen, R. Ramasubramaniam, C. Xue e H. Liu, Advanced Functional Materials, Vol. 16, p. 114, 2006.

[78] . F. M. Du, C. Guthy, T. Kashiwagi, J. E. Fischer e K. I. Winey, Journal of

Polymer Science Part B-Polymer Physics, Vol 44, p. 1513, 2006.
[79] . R. Haggenmueller, C. Guthy, J. R. Lukes, J. E. Fischer e K. I. Winey, Macromolecules, Vol. 40, p. 2417, 2007.
[80] . K. I. Winey, T. Kashiwagi e M. F. Mu, MRS Bulletin, Vol. 32, p. 348, 2007.
[81] . Ashwani K. Rana, Shashi B. Rana, Anjna Kumari e Vaishnav Kiran, "Significance of Nanotechnology in Construction Engineering", Intr. Journal of Recent Trends in Engineering, Vol. 1, No. 4, maio de 2009.
[82] . Chong, K.P. "Nanoscience and Engineering in Mechanics and Materials", Journal of Physics & Chemistry of Solids, Vol. 65, pp. 1501-1506, 2004.
[83]]. ·E. Newson , Th. Haueter, P. Hottinger, F. Von Roth, G.W.H. Scherer, e Th.H. Schucan, "Seasonal storage of hydrogen in stationary systems with liquid organic hydrides", Intr. Journal of Hydrogen Energy, Vol. 2, No. 10, pp. 950-909, outubro de 1998.
[84] . A. Salvatore Aricò, et al. "Nanostructured materials for advanced energy conversion and storage devices", Nature Matériels, Vol. 4, pp. 366 - 377, 2005.
[85] . J. Bolton, "Solar photoproduction of hydrogen: A review", Solar Energy, Vol. 57, No. 1, pp. 37-50, julho de 1996.
[86] . M. S. Simard, D. Su, e J. D. Wuest, "Use of hydrogen bonds to control molecular aggregation. Self-assembly of three-dimensional networks with large chambers", Journal of American Chemical Socity, Vol. 113, No. 12, pp. 4696-4698, 2009. DOI: 10.1021/ja00012a057.
[87] . Steven C. Amendola, "An ultrasafe hydrogen generator: aqueous, alkaline borohydride solutions and Ru catalyst", Journal of Power Sources, Vol. 85, No. 2, pp. 186-189, fevereiro de 2000.
[88] W. Garrison, "Technological Changes and transportation Development", Encyclopedia of Life Support Systems (EOLSS), 2011. www.eolss.net/sample-chapters/c05/E6-40-01-01.pdf.
[89] . Cohen e S. Elizabeth, "Between Oral and Written Culture", The Social Meaning of an Illustrated Love Letter". Em Culture and Identity in Early Modern Europe (1500-1800): Essays in Honour of Natalie Zemon Davis, editado por Barbara B. Diefendorf e Carla Hesse, pp. 181-201, Ann Arbor, Michigan, 1993.
[90] . Rizia Bardhan, "Nanotechnology and New Materials: Foundations of Nanoscience", Vanderbilar Institute of Nanoscale Science and Engineering, VINSE, www.vanderbilt.edu/vinse/research/nanotechnology-and-new - *materials/*
[91] . Richard Jones, "New materials, old challenges", Nature Nanotechnology, Vol. 2, pp. 453 - 454, 2007. doi:10.1038/nnano.2007.241.
[92] . Will Soutter," Nanotechnology in Fuel Cells", The A to Z of Nanotechnology, junho de 2012.https://en.wikipedia.org/wiki/Energy_applications_

of_nanotechnology.
[93] . ·Hartmut Presting , e Ulf König, "Future nanotechnology developments for automotive applications", Materials Science and Engineering: C, Vol. 23, N.º 6-8, pp. 737-745, 15 de dezembro de 2003.
[94] . Ulrich Wulf, E.R. Racec, P.N. Racec e A. Aldea, "Electronic transport in nanosystems, "Materials Science and Engineering: C, Vol. 23, No. 6- 8, pp. *675-681*, 15 de dezembro de 2003.
[95] . M. Meyyappan, "Nanotechnology in Aerospace Applications", Nanotechnology Aerospace Applications, pp. 7-1 - 7-2, 2006. www.dtic.mil/ dtic/tr/fulltext/u2/a476714.pdf.
[96] . *A.M. Vollebregt", "Nanotechnology in aerospace applications",* www.club of 82rapheme82.com/.../44%20NanoEnergy/Club%20of%20Amst...
[97] . "Nanotechnology in construction", Nanotechnology Spotlight, Sept. 2012, www.nanowerk.com/spotlight/spotid=26700.php
[98] . Van Broekhuizen, et al, "Use ofnanomaterials in the European construction industry and some occupational health aspects thereof" , Journal of Nanoparticle Research, Vol. 13, No. 2, pp.447-462, 2011.
[99] . Saurav, "Applications of Nanotechnology In Building Materials", Intr. Jour of Engineering Research and Applications (IJERA), Vol. 2, No. 5, 2012. ISSN: 22489622
[100] S. Akkaya, S. P. Shah e M. Ghandeharn "Influence of Fibre Dispersion on the Performance of Microfibre-Reinforced Cement Composite" ACI Special Publications 216: Innovations in Fibre-Reinforced Concrete for Value, SP-216-1, Vol. 216, pp.1-18.(d), 2003.
[101] N. Gupta e R. Maharsia, "Enhancement of Energy Absorption in Syntactic Foams by Nanoclay, Incorporation for Sandwich Core Application", Applied Composite Materials, vol. 12, pp. 247-256, 2009.
[102] M. Gleiche, H. Hoffschulz e S. Lenhert, "Nanotechnology in Consumer Products", Nanoforum, European Nanotechnology Gateway, outubro de 2006.
[103] M. E. Vance, et al, "Nanotechnology in the real world: Redeveloping the nanomaterial consumer products inventory", Beilstein Journal of Nano-technol, vol. 6, pp. 1769-1780, 2015; 6.doi: 10.3762/bjnano.6.181 PMCID: PMC4578396.
[104] S. Currall, E. King, N. Lane, e J. Madera, Nat Nanotechnol, Vol. 1, pp. 153-155, 2006. doi: 10.1038/nnano.2006.
[105] D.M. Kahan, et al, Nat Nanotechnol, Vol. 4, pp.87-90, 2009. doi: 10. 1038/nnano. 2008.341.
[106] Nirvesh Chaudhri, et .al, "Nanotechnology: An Advance Tool for Nanocosmetics Preparation", International Journal of Pharma Research and Review, Vol. 4, No. 4, April 2015. 28-40ISSN: 2278-6074.
[107] G. Oberdoester, et al, "Nanotoxicology: an emerging discipline evolving from studies of ultrafine particles", Environ Health Percept, Vol. 113, No.

7, pp. 823-839m 2005.

[108] E. Starzyk, e A. Frydrych, "Nanotecnologia: Tem futuro na cosmética? SÖFW Journal, Vol. 124, No. 6, pp. 42-52, 2008.

[109] W. Soutter, "Nanotechnology in Clothing", A to Z of Nanotechnology, 16 de novembro de 2012. *www.azonano.com/article.aspx?ArticleID=3129.*

[110] . S. Agarwal, et al, "Use of Electrospinning Technique for Biomedical Applications" (Utilização da técnica de electrofiação para aplicações biomédicas). Polymer, Vol. 49, No. 26, pp. 5603-5621, 2008. doi:10.1016/j.polymer.2008.09.014.

[111] N. Melosh, et al, " Ultrahigh density nanowire lattices and circuits ", Science, Vol. 300, No. 5616, pp. 112-115, 2003.Bibcode:2003Sci... 300. .112M. doi:10.1126/science.1081940. PMID 12637672.

[112] S. Das, at al, "Designs for Ultra-Tiny, Special-Purpose Nanoelectronic Circuits". IEEE Trans. on Circuits and Systems I, Vol. 54, No. 11, p. 11, 2007.doi:10.1109/TCSI.2007.907864.

[113] . J. Goicoechea, at al, "Minimising the photobleaching of self-assembled multilayers for sensor applications" [Minimização da fotobranqueamento de camadas múltiplas automontadas para aplicações de sensores]. Sensors and Actuators B: Chemical, Vol. 126, No. 1, pp. 41-47, 2007. doi:10.1016/j.snb.2006.10.037.

[114] Nano & Me, "Nano in computer technology and electronics", www.nanoandme. Org/nano-produtos/computação-e-eletrónica/

[115] Zobair Ullah, "Nanotechnology and Its Impact on Modern Computers", Global Journal of Researches in Engineering General Engineering, Vol. 12, N.º 4, Versão 1.0, 2012

[116] Farah Al-Tufaili, "Nanotechnology and its impact on modern computers", tese de mestrado em Ciências da Computação, Faculdade de Ciências da Computação e Matemática, Universidade Al-Tufaili Kufa, 2015.

[117] Chang-gyu Hwang, "Nanotechnology enables a new memory growth model", IEEE Xplore, Vol. 19, No. 11, pp. 1765 - 1771, 2013.

[118] James Devitt, "Magnetic storage promises faster and more energy-efficient information storage", Universidade de Nova Iorque, 2015.

[119] Paul Benioff, "Robôs e ambientes quânticos". Physical Review A, Vol. 58, No. 2, p. 893, 1990. arXiv:quant-ph/9802067v2 [quant-ph]. doi:10.1103/PhysRevA.58.893.}

[120] Paul Benioff, "Alguns aspectos fundamentais dos computadores quânticos e dos robots quânticos" (PDF). Superlattices and Microstructures, Vol. 23, No. 34, pp. 407-417. 1989. doi:10.1006/spmi.1997.0519.

[121] W. JvdM Steyn, "Potential applications of nanotechnology in road construction", Sept. 2010. www.idconline.com/.../Potential_applications _of_nanotechnology.pdf.

[122] Baltić Ž. Milan, at al., "Nanotecnologia e suas potenciais aplicações na indústria da carne", 2013. www.inmesbgd.com/files/doc/casopis/radovi/2013_ 2_11.pdf.

[123] Kuldeep Purohit, "Recent Advances in Nanotechnology", International

Journal of Scientific & Engineering Research, Vol. 3, No. 11, 2012. ISSN 2229-5518IJSER © 2012http://www.ijser.org.
[124] G. Orive, et al, "Micro and nanodrug delivery systems in cancer therapy", Cancer Therapy, Vol.3, pp.131-138.2.
[125] Z. Liu, et al, "Carbon nanotubes in biology and medicine: In vitro and in Vivo Detection, Imaging and Drug Delivery", Nano Research, Vol. 2, pp. 85-120.
[126] S. Virji, et al, "Polyaniline Nanofibre Composites with Amines: Novel Materials for Phosgene Detection", Nano Research, Vol. 2, No. 2, pp.135142, 2009.
[127] Gil Haddi, "Nanodot Magnets Will Have You Thinking Outside of the Building Box", Trndhunter, 2013.
[128] J. Gabriel Ortega-Mendoza, et al, "Sensor de fibra ótica baseado na ressonância plasmónica de superfície localizada utilizando nanopartículas de prata fotodepositadas na extremidade das fibras ópticas", Sensores, Vol. 14, N.º 10, pp. 1870118710, 2014. doi:10.3390/s141018701
[129] J. Khodaveisi, et al, "Desenvolvimento de um novo método para a determinação de mercúrio com base no seu efeito inibitório na atividade da peroxidase de rábano seguido da monitorização do pico de ressonância plasmónica de superfície de anopartículas de ouro," Spectrochimica Ata Part A: Molecular and Biomole- cular Spectroscopy, vol. 153, pp. 709, 2016.
[130] S. Kandeepan, J. A. Paquette e J. B. Gilroy, 'Gold Nanoparticles Covalently Attached to Polystyrene for Biosensing Applications . Chemical Vapour Deposition, Vol. 21, pp. 275, 21, 275, 2015.
[131] . D. Mery, et al, "Graphene-Based Ultracapacitors", Nano letters, Vol. 8, No. 10, pp. 3409-350, 2012 DOI: 10.1021/nl802558y.
[132] . Chenguang Liu, at al, "Graphene-Based Supercapacitor with an Ultra-high Energy Density", Nano Lett, Vol. 10, No. 12, pp 4863-4868, 2010.DOI: 10.1021/nl102661q
[133] Jungbae Kim, et al. "Challenges in biocatalysis for enzyme-based biofuel cells", Biotechnology Advances, Vol. 24, No. 3, pp. 296-300, maio-junho de 2006.
[134] . Alan Pilkington,et al, "Defining key inventors: A comparison of fuel cell and nanotechnology industries", Biotechnology Advances, Vol. 76, No. 1 pp. 118-127, janeiro de 2009.
[135] H. Gerischer, at al., "Sensitisation of Charge-Injection into Semiconductors with Large Band Gap", Electrochimica Ata, Vol. 13, No. 13, pp. 1509-1515, 1968. doi:10.1016/0013-4686(68)80076-3.
[136] . H. Tributsch, at al, "Photochem. Photobiol.", Vol. 14, No. 14, pp. 95-112, 1971. doi:10.1111/j.1751-1097.1971.tb06156.x.
[137] H. Tributsch, et al, "Reaction of excited chorophyll molecules at electrodes and in photosynthesis". Photochem. photobiol., Vol. 16, No. 16, pp. 261-269, 1972. doi:10.1111/j.1751-1097.1972.tb06297.x.

[138] M. Matsumura, et al, M. "Dye Sensitisation and Surface Structures of Semiconductor Electrodes" (Sensibilização de corantes e estruturas de superfície de eléctrodos semicondutores). Ind. Eng. Chem. Prod. Res. Dev., Vol. 19, No. 3, pp. 415-42, 19801. doi:10.1021/i360075a025.
[139] . ·Junbo Wu "Organic solar cells with solution-processed graphene transparent electrodes", Applied Physics letters, vol. 92, pp. 263-302, 2008; http://dx.doi.org/10.1063/1.2924771.
[140] . Xuan Wang, Linjie Zhi e Klaus Müllen, "Transparent, Conductive Graphene Electrodes for Dye-Sensitised Solar Cells", Nano Lett, Vol. 8, No. 1, pp. 323-327, 2008.DOI: 10.1021/nl072838r\.
[141] . Progress in Plastic Electronics Devices", Annual Review of Materials Research, Vol. 36, pp. 199-230, 2006) DOI: 10.1146/annurev.matsci. 36.022805.094757.
[142] H. Abe, H., e T. Murai; e K. Zaghib, "Ânodo de fibra de carbono cultivado a vapor para baterias cilíndricas de iões de lítio recarregáveis". Journal of Power Sources, Vol. 77, No. 2, pp. 110-115, 1998.doi:10.1016/S0378-7753 7753(98)00158-X.
[143] . M. Whittingham, "Armazenamento de energia eléctrica e química de intercalação". Science, Vol. 192, No. 4244, pp. 1126-1127, 1976. doi:10.1126 PMID 17748676.
[144] R. Froelich," System and method for telecommunications with a web-based network, such as a social network", Feb 19, 2013. R Froelich - Patente US 8,380,858, 2013 - Google Patents.
[145] . S. Lokhande and R. Pate," Role of Nanotechnology in Shaping the Future of Mobile and Wireless Devices", International Journal of Science and Research (IJSR) Volume 3 Issue 1, January 2014.ISSN (Online): 23197064.
[146] G. S. Snider e R. Williams, "Nano/CMOS architectures using a field-programmable nanowire interconnect", Nanotechnology, vol. 18, p. 111, janeiro de 2007.
[147] S. A. Wolf et al, "Spintronics: A spin-based electronics vision for the future", Science, Vol. 294, No. 5546, pp. 1488-1495, novembro de 2001.
[148] . M. Saif Islam e V. Logeeswaran, "Nanoscale materials and devices for future communication networks", IEEE Communications Magazine, pp. 112-120, junho de 2010.
[149] M. Bakir, et al. "Mechanically flexible optical chip-substrate interconnects with optical pillars", IEEETrans. Advanced Packaging, Vol. 31, No. 1, pp.143-53, 2008.
[150. R. J. Walters, et al, "A silicon-based electrical source of surface plasmon polaritons," Nature Materials, vol. 9, pp. 21-25, 2010.
[151] M. Saif Islam, "The all pervading nanosensors," Intr. Journal of Nanotech, Special Issue on Nanosensors, Vol. 5, No.4/5, 2008.
[152] D. B. Strukov, et al." The missing memristor found", Nature, Vol. 453, pp. 80-83, 2008.

[153] H. A. Becerril ,et al, "DNA-templated three-branched nanostructures for nanoelectronic devices," Journal of the American Chem. Soc., vol. 127, pp. 2828-29, 2005.

[154] . Y. Y. Pinto, et al, "Sequence-encoded self-assembly of multiple nanocomponent arrays by 2D DNA scaffold-ing," Nano Letters, vol. 4, pp. 2392-2402, 2005.

[155] W. Choi et al. "Compact nano-electromechanical non-volatile memory (NEMory) for 3D integration", IEEE Intr,.Electron Devices Mtg. Tech. Digest, pp.603-614, 2007.

[156] Nanotchnology.Now, " New optical chip lights up the race for quantum Computer " , spie.org/Documents/ConferencesExhibitions/OP15-Adv-L.pdf.

[157] S. Kim, K. Goda, A. Fard e B. Jalali, "Optical time-domain analogue pattern correlator for high-speed real-time image recognition". Optics Letters, Vol. 36, No., 2, p. 220, 2011.

[158] R.S. Tucker, "The role of optics in computing" (O papel da ótica na computação). Nature Photonics, Vol. 4, p. 405, 2010. doi:10.1038/nphoton.2010.162.

[159] E. Witlicki, et al. "Molecular logic gates with surface-enhanced Raman scattered light". J. Am. Chem. Soc., Vol. 133, No. 19), pp. 7288-7291, 2011. doi:10.1021/ja200992x.

[160] F. Bonaccorso, "Graphene photonics and optoelectronics", Nature Photonics, Vol 4, pp. 611 - 622, 2010. doi:10.1038/nphoton.2010.186.

[161] . Gema de la Torre, "Phthalocyanines: old dyes, new materials. Putting colour in nanotechnology", Chemical Communicatios, Royal Society of Chemistry. 2007. G de la Torre, CG Claessens, T Torres - Chemical Communications, 2007 - pubs.rsc.org.

Índice

Printed by Books on Demand GmbH, Norderstedt / Germany